高等学校电子信息类系列教材

U0169705

控制理论基础及实验教程

李 刚 赵 岩 卜祥伟 刘军兰 编著

西安电子科技大学出版社

内 容 简 介

本书分为两部分：控制理论基础知识和控制理论基础实验。

控制理论基础知识部分主要介绍自动控制概述、控制系统的数学模型、控制系统的时域分析法、控制系统的频域分析法和控制系统的校正等内容。另外，每章均配有例题和习题，便于读者自学和练习。

控制理论基础实验部分主要介绍典型二阶系统阶跃响应实验、控制系统性能分析实验、控制系统数字仿真实验和控制系统校正设计实验等。

本书内容通俗易懂，理论和实践配合紧密，实用性强，可作为高等学校电子信息类专业的教材或教学参考书，也可作为从事控制工作的工程技术人员的参考书。

图书在版编目(CIP)数据

控制理论基础及实验教程/李刚等编著. —西安:西安电子科技大学出版社,2023.2
ISBN 978 - 7 - 5606 - 6698 - 3

Ⅰ. ①控… Ⅱ. ①李… Ⅲ. ①控制系统—实验—教材 Ⅳ. ①TP13 - 33

中国版本图书馆 CIP 数据核字(2022)第 206270 号

策　　划　刘玉芳
责任编辑　刘玉芳
出版发行　西安电子科技大学出版社(西安市太白南路 2 号)
电　　话　(029)88202421　88201467　　邮　　编　710071
网　　址　www.xduph.com　　　电子邮箱　xdupfxb001@163.com
经　　销　新华书店
印刷单位　咸阳华盛印务有限责任公司
版　　次　2023 年 2 月第 1 版　2023 年 2 月第 1 次印刷
开　　本　787 毫米×1092 毫米　1/16　印　张　10.5
字　　数　245 千字
印　　数　1～3000
定　　价　32.00 元
ISBN　978 - 7 - 5606 - 6698 - 3/TP
XDUP　7000001 - 1
＊＊＊如有印装问题可调换＊＊＊

前 言
Preface

　　为了适应高等职业技术教育的需求，我们依据自动控制理论的发展现状和高等职业技术教育人才培养的特点编写了本书。本书分为两部分，第一部分为控制理论基础知识，第二部分为控制理论基础实验。

　　本书第一部分重点介绍控制理论的基础知识。第一章为自动控制概述，介绍自动控制的基本概念、自动控制系统的组成及原理、自动控制系统的分类和自动控制理论的发展等。第二章为控制系统的数学模型，介绍数学模型的定义和分类，控制系统的微分方程、传递函数、结构图和典型环节的数学模型等。第三章为控制系统的时域分析法，介绍典型控制系统的性能指标、一阶及二阶系统的性能分析、控制系统的稳定性分析和控制系统的稳态误差等。第四章为控制系统的频域分析法，介绍控制系统频率特性的概念、表示方法，典型环节的频率特性，控制系统开环频率特性曲线的绘制，频率域稳定判据，稳定裕度等。第五章为控制系统的校正，介绍系统校正、常用校正装置及特性、串联校正、前馈校正和反馈校正、复合校正等。

　　本书第二部分共包括四个实验，即典型二阶系统阶跃响应实验、控制系统性能分析实验、控制系统数字仿真实验和控制系统校正设计实验，每个实验均由实验目的、实验设备、实验内容、实验原理、实验步骤和实验报告组成。附录中介绍了 THKKL-6 实验箱、DS 5022M 示波器、虚拟示波器和 MATLAB/Simulink 的使用方法。

　　本书可作为高等学校电子信息类专业的教材或教学参考书，也可作为从事控制工作的工程技术人员的参考书。本书建议学时数为 40 学时，具体可根据教学对象和教学要求对内容进行选择。

　　本书是集体创作的成果，第一部分的第一、二、三章由李刚编写，第四章由卜祥伟编写，第五章由赵岩编写，第二部分的四个实验由王宁编写，附录一至三由曹健编写，附录四由刘军兰编写，全书由李刚统稿。西安交通大学郑辑光教授对本书内容进行了审阅，西安电子科技大学阔永红教授为本书的编审工作给予了充分支持与帮助，在此谨向他们致以谢意。

受编著者水平所限，书中难免存在不妥之处，敬请各位读者批评指正。

编著者

2022 年 10 月

目 录
Contents

第二部分　控制理论基础实验

第一部分

控制理论基础知识

第一章　自动控制概述

本章主要介绍自动控制的基本概念、自动控制系统的组成及原理、自动控制系统的分类及自动控制理论的发展等内容。

第一节　自动控制的基本概念

一、自动控制

自动控制：在没有人直接参与的情况下，利用控制装置操纵被控对象，使其按照预定的规律运行。自动控制更多强调的是一种行为或过程。

被控对象：需要控制的生产机械或装置，如机床、发电机、水池、烘烤炉、雷达天线和导弹弹体等。

控制装置：除被控对象外的自动控制系统的其他部分，如热电偶、陀螺仪、放大器、电动机、减速器、阀门、电加热器和抽水泵等。

被控量：被控对象的输出量，要求其保持某一恒定值或者按某种设定规律变化，如烘烤炉中的温度、水池中的水位高度和雷达天线方位随动系统中的方位角等。

二、自动控制系统

自动控制系统：将控制装置与被控对象按照一定的方式连接起来，并能够实现自动控制任务的有机整体。简单地说，自动控制系统指能用自动控制装置代替人完成自动控制过程的系统。

自动控制系统的应用领域非常广泛，如航空航天领域中的空间站自动对接系统、月球和火星探测车控制系统，军事领域中的火炮自动瞄准系统、飞机自动驾驶仪和导弹制导控制系统，工业生产中的炉温自动控制系统、锅炉液位控制系统和发动机转速控制系统，日常生活中的空调、电压稳定器和大门自动控制系统等。

三、自动控制系统示例

（一）烘烤炉温度控制系统

烘烤炉温度控制系统是工业生产中常用的温度控制设备之一，由温度设定电位器、热电偶、放大器、电动机、减速器、阀门、混合器和烘烤炉等组成，其原理图见图1-1。

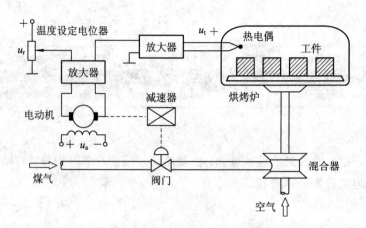

图 1-1 烘烤炉温度控制系统原理图

图 1-1 中，温度控制系统的任务是保持烘烤炉中的温度恒定。被控对象为烘烤炉，被控量为炉膛温度，干扰量为工件数量、环境温度和煤气压力等，控制装置为热电偶、放大器、电动机、减速器和阀门等。需要控制的温度值由温度设定电位器以电压形式 u_r 设定，调节煤气管道上的阀门开度可改变炉膛温度，炉膛温度由热电偶检测并放大后转变为电压量 u_t，于是可得偏差信号 $\Delta u = u_r - u_t$。利用偏差信号可控制烘烤炉的炉膛温度保持在设定值上，控制原理如下：

假定炉膛温度恰好等于设定值，这时偏差信号 $\Delta u = 0$，经放大后仍为零，故电动机和调节阀门都静止不动，煤气流量恒定，烘烤炉处于设定温度状态。

如果增加工件数量，则烘烤炉的负荷增大，炉温下降，u_t 减小，由于设定值 u_r 保持不变，因此 $\Delta u > 0$，偏差信号经放大后得电压 u_a，控制电动机转动，从而开大煤气阀门，增加煤气供给量，以使炉温上升，直至重新回到设定值为止。

反之，如果减少工件数量，则烘烤炉的负荷减小，炉温上升，$\Delta u < 0$，偏差信号经放大后控制电动机转动，从而关小煤气阀门，减少煤气供给量，以使炉温下降，直至回到设定值为止。

同理，当煤气压力或环境温度改变导致炉温波动时，同样可以调整到设定温度。

为了简单清楚地表述自动控制系统的结构、组成和信号传递的关系，可由烘烤炉温度控制系统的原理图绘制出相应的方块图，见图 1-2。

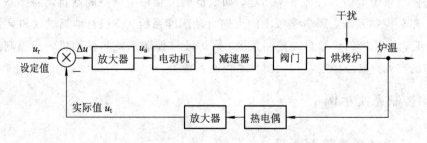

图 1-2 烘烤炉温度控制系统方块图

在方块图中：被控对象和控制装置的各元部件分别用一些方块表示，比较元件用符号 $\otimes$ 表示，负号"-"表示负反馈；将自动控制系统中主要的物理量，如电流、电压、温度、压力、位置和速度等，标在信号线上，其流向用箭头表示。

（二）雷达天线方位随动系统

雷达在跟踪空中飞行目标时，常采用方位随动系统。某地空导弹武器系统制导雷达天线方位随动系统由操作手柄、角度检测装置、放大器、电动机、传动机构和雷达天线等组成，其原理图见图1-3。

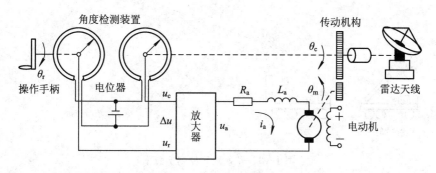

图1-3 雷达天线方位随动系统原理图

图1-3中，雷达天线方位随动系统的任务是将雷达天线的方位角调整到手柄输入的角度。被控对象为雷达天线，被控量为天线的方位角，控制装置为操作手柄、电位器、放大器、电动机和传动机构等。需要跟踪的角度值通过摇动操作手柄输入，并在电位器上形成电压 u_r，雷达天线实际的输出角度值反馈到另一电位器上并形成电压 u_c，于是可得偏差信号 $\Delta u = u_r - u_c$。利用偏差信号可将雷达天线调整到手柄输入的目标角度上，控制原理如下：

当操作手柄不动时，$\theta_r = \theta_c$，这时 $\Delta u = u_r - u_c = 0$，偏差信号经放大后仍为零，故电动机和传动机构都静止不动，雷达天线的方位角保持不变。

当正向摇动操作手柄时，$\theta_r > \theta_c$，这时 $\Delta u = u_r - u_c > 0$，偏差信号经放大后得电压 u_a，控制电动机正向转动，带动传动机构调节雷达天线的方位角，直至 $\Delta u = 0$，这时有 $\theta_c = \theta_r$，于是输出的角度值 θ_c 跟踪到了输入的角度值 θ_r。

反之，当反向摇动操作手柄时，$\theta_r < \theta_c$，使得 $\Delta u = u_r - u_c < 0$，经放大后得电压 $-u_a$，控制电动机反向转动，带动传动机构调节雷达天线的方位角，直至 $\Delta u = 0$，输出角度 θ_c 跟踪到了输入角度 θ_r。

雷达天线方位随动系统方块图见图1-4。

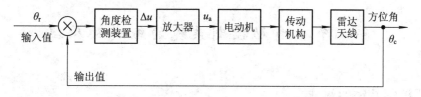

图1-4 雷达天线方位随动系统方块图

（三）导弹制导控制系统

在地空导弹拦截飞机的过程中，需要对发射后的导弹进行制导和控制才能使导弹飞向目标,完成拦截任务。

导弹制导控制系统由目标坐标测量装置、导弹坐标测量装置、计算机、指令传输装置、自动驾驶仪、舵系统和导弹弹体等组成。导弹制导控制示意图见图1-5。

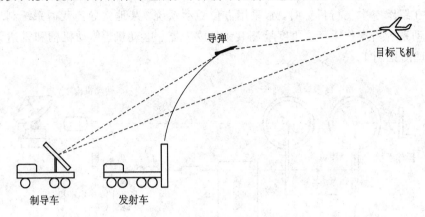

图1-5 导弹制导控制示意图

导弹制导控制系统的任务是按一定的制导律形成指令,引导导弹飞向目标。被控对象为导弹弹体,被控量为导弹弹体的姿态,控制装置为目标坐标测量装置、导弹坐标测量装置、计算机、指令传输装置、惯性元件和自动驾驶仪等。

根据目标和导弹的坐标参数,在计算机中按照一定的制导律形成控制指令,通过指令传输装置,传送到导弹的自动驾驶仪,控制舵系统偏转,使得导弹向减少弹目之间误差信号的飞行方向调整,从而飞向目标。导弹制导控制系统方块图见图1-6。

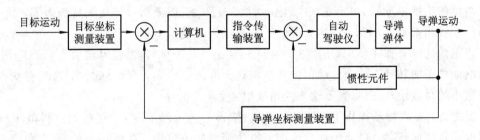

图1-6 导弹制导控制系统方块图

第二节　自动控制系统的组成及原理

一、自动控制系统的组成

自动控制系统由控制装置和被控对象两大部分组成。控制装置又由测量元件、设定元件、比较元件、放大元件、执行元件和校正元件等基本元件组成。

测量元件:用于测量被控制的物理量,如温度传感器(热电偶或热电阻)、压力传感器以及电量(如电压、电流和频率等)传感器。

设定元件：用于设定被控量的期望值，如电位器(被控数字量)等。

比较元件：用于将测量值与设定值进行比较并求出它们之间的偏差，如差动放大器、自整角机和电桥等。

放大元件：将偏差信号放大，从而推动执行元件控制被控对象，如集成运算放大器和功率放大器等。

执行元件：直接推动被控对象改变被控量，如阀门、电动机和压缩机等。

校正元件：改变控制系统的性能指标，如由电阻和电容组成的有源或无源网络。

上述元件与被控对象一起即可构成自动控制系统。典型的反馈控制系统方块图见图1-7。

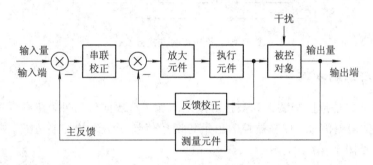

图1-7　典型的反馈控制系统方块图

图1-7中，信号从输入端沿箭头方向最终到达输出端，这个传递通路称为前向通路。控制系统的输出量经测量元件反馈到输入端的传输通路称为主反馈通路。前向通路与主反馈通路共同构成主回路，主回路中还包含局部回路。

二、反馈控制原理

反馈控制系统通过反馈通路的测量元件测量被控对象输出的被控量，并与输入端的设定值相比较，得到偏差信号，该信号经过校正、放大，驱动执行元件控制被控对象。被控对象的输出量经测量反馈与输入量比较后，应比上一次偏差小。当偏差信号为零时，控制停止。可见，反馈控制是一个利用偏差消除偏差的过程。

其实人体本身也是一个完美的自动控制系统。比如人用手取桌子上的书，就体现了反馈控制原理。首先，人通过眼睛测量手与书之间的距离，这个距离信息作为偏差控制信号，控制手臂向书的位置方向移动,眼睛继续测量手与书之间的距离，当这个偏差距离为零时，人即可用手取到书。如果想将书放入另一个地方，则开始下一个自动控制过程。

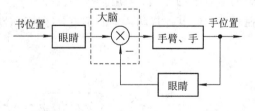

图1-8　人取书的反馈控制系统方块图

人取书的反馈控制系统方块图见图1-8。

三、自动控制系统的控制方式

自动控制系统有三种基本控制方式：开环控制、反馈控制和复合控制。除此之外，还

控制理论基础及实验教程

有以现代控制为基础的最优控制、自适应控制和模糊控制等控制方式。

（一）开环控制方式

开环控制方式是指控制装置和被控对象之间只有顺向作用而没有反馈联系的控制。开环控制方式方块图见图1-9。

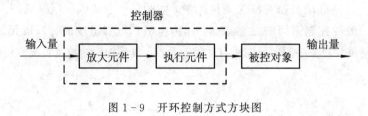

图1-9　开环控制方式方块图

（二）反馈控制方式

反馈控制方式是指控制装置和被控对象之间除了有顺向作用外，还有反馈通路的反向作用，用于产生偏差信号，控制被控输出量与期望值趋于一致的控制方式。典型的反馈控制方式方块图见图1-10。

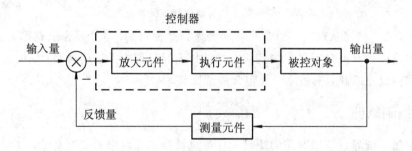

图1-10　反馈控制方式方块图

（三）复合控制方式

当自动控制系统存在可测量的扰动时，可以同时考虑用偏差控制和干扰补偿控制相结合的复合控制方式。采用干扰补偿控制方式可以抵消干扰在输出量上的影响，同时偏差控制可以消除其他扰动产生的偏差，这种复合控制方式方块图见图1-11。

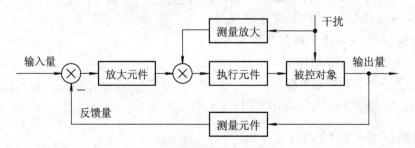

图1-11　复合控制方式方块图

四、对自动控制系统的基本要求

尽管不同的自动控制系统的性能是不一样的，但稳定性、快速性和准确性是对所有自动控制系统的共同要求，即稳、快、准。

（一）稳定性

稳定性是自动控制系统正常工作的前提条件。稳定性是指自动控制系统在受到扰动作用而使平衡状态破坏后，经过调节能重新达到平衡状态的性能。当自动控制系统受到扰动作用而偏离工作状态或者当输入信号发生变化时，控制装置不能使系统恢复到原来的工作状态，系统响应呈发散状态，这样的自动控制系统称为不稳定系统，显然这样的系统是不能正常工作的。自动控制系统稳定性示意图见图1-12。

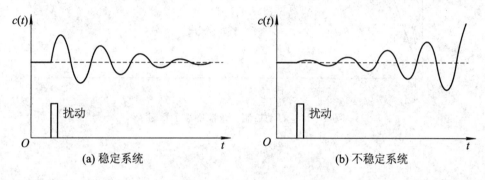

图1-12　自动控制系统稳定性示意图

（二）快速性

自动控制系统仅满足稳定性要求是不够的，还需要满足其动态响应过程指标要求。快速性指的是自动控制系统动态响应过程的时间长短。一般希望系统在较短的或要求的时间内完成动态调整过程，平稳进入系统稳态。自动控制系统快速性示意图见图1-13。图1-13中，曲线①的系统快速性比曲线②的系统要好，曲线③的系统快速性比曲线④的系统要好。

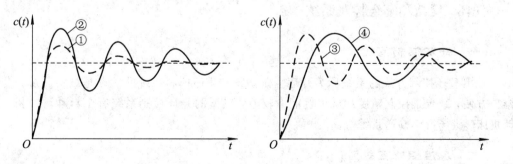

图1-13　自动控制系统快速性示意图

（三）准确性

当自动控制系统的过渡过程结束后，系统到达平衡状态，被控量达到稳态值。这个稳态值与期望值之差称为稳态误差。稳态误差越小，表明自动控制系统的控制精度越高，系统的准确性就越好。准确性示意图见图 1-14。图 1-14 中，曲线①的系统稳态误差 Δ_1 比曲线②的系统稳态误差 Δ_2 要小，因此曲线①的系统准确性比曲线②的系统高。

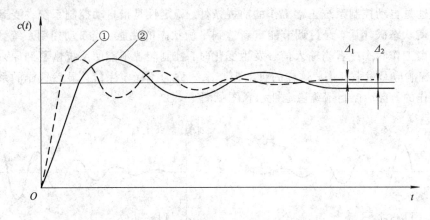

图 1-14　自动控制系统准确性示意图

第三节　自动控制系统的分类

自动控制系统有多种分类方式。按控制方式可分为开环控制系统、反馈控制系统和复合控制系统等；按元件类型可分为机械系统、电气系统、机电系统、液压系统、气动系统、生物系统等；按系统功用可分为温度控制系统、压力控制系统、位置控制系统等；按系统性能可分为线性控制系统和非线性控制系统、连续控制系统和离散控制系统、定常系统和时变系统、确定性系统和不确定系统等；按输入量变化规律又可分为恒值控制系统、随动系统和程序控制系统。

一、开环、反馈和复合控制系统

（一）开环控制系统

采用开环控制方式的系统称为开环控制系统。开环控制系统的优点是结构简单，设计维护方便，缺点是控制精度和抗干扰能力较差。典型的开环控制系统有全自动洗衣机、自动机床、机场行李输送系统等。

（二）反馈控制系统

采用反馈控制方式的系统称为反馈控制系统。反馈控制系统的输出信号反馈到输入端参与控制作用，构成闭环控制系统。闭环控制系统的优点是控制精度高、适应性好，抗干扰能力强，缺点是系统造价高，控制结构复杂，设计维护困难。典型的闭环控制系统有雷达天线随动系统、温度恒定系统、汽车自动驾驶系统等。

（三）复合控制系统

采用复合控制方式的系统称为复合控制系统。复合控制系统中既有反馈控制方式又有开环控制方式，因此其具备两者的优点。复合控制系统常用于工业、化工、军事和航空航天等领域中较为复杂的控制场合。

二、恒值控制、随动和程序控制系统

（一）恒值控制系统

顾名思义，恒值控制系统的设定输入量为常值，而且要求被控输出量也为常值。这类系统也称为控制器。控制器的输出可以随输入值的变化而调整，只要输入设定值不变，系统的输出也保持一个常值不变。在工业控制系统中，当被控制量是温度、流量、压力和液位等生产过程参量时，称之为过程控制系统，它们大都是恒值控制系统。

（二）随动系统

随动系统的输入量是随时间变化的函数，要求其被控量以一定精度跟踪输入量，所以也称为跟踪系统。常见的随动系统有导弹发射架角度随动系统、工业自动化中的位置随动系统和函数记录仪等。在随动系统中，如果被控量是机械位置或其导数，则称之为伺服系统。

（三）程序控制系统

程序控制系统的输入量是按预定规律随时间变化的函数，要求其被控量迅速、准确地得以复现。数字程序机床便是一例。程序控制系统和随动系统的输入量都是随时间变化的函数，不同之处在于前者是已知的时间函数，后者是未知的任意时间函数。恒值控制系统可视为程序控制系统的特例。

三、线性和非线性控制系统

（一）线性控制系统

线性控制系统是指模型可用线性微分方程来描述的控制系统。线性控制系统的特点是可以使用叠加原理。当系统存在几个输入量时，系统的输出等于各个输入量分别作用于系统时系统的输出量之和；当系统输入量增大或减小时，系统的输出量也按比例增大或减小。

如果描述系统运动状态的微分方程的系数是常数，不随时间变化，则称为线性定常系统，若微分方程的系数是时间的函数，则称为线性时变系统。

（二）非线性控制系统

控制系统中如果有一个元件的输入/输出特性是非线性的，则称之为非线性控制系统。

非线性控制系统不再服从叠加原理。严格地说，现实物理系统中都含有程度不同的非线性元部件，如放大器的饱和特性、运动部件的死区、间隙和摩擦特性等。非线性方程在数学处理上较困难，目前对非线性控制系统的研究还没有统一的方法，可采用在一定范围内线性化的方法，将非线性控制系统近似为线性控制系统。

四、连续和离散控制系统

（一）连续控制系统

当控制系统中各组成环节的输入、输出信号都是时间的连续函数时，称为连续控制系统。连续控制系统的模型是用微分方程来描述的，模拟式工业自动化仪表实现的自动化过程控制系统都属于连续控制系统。

（二）离散控制系统

若控制系统中的某些环节和元件的输入、输出信号在时间上是离散的，则称为离散控制系统。离散控制系统与连续控制系统的区别在于信号只是特定的离散瞬时上的时间函数。离散信号可由连续信号通过采样开关获得。离散控制系统的模型是用差分方程来描述的。具有采样功能的控制系统又称为采样控制系统。

第四节　自动控制理论的发展

一、控制理论的发展历程

自动控制发展到今天，已经形成了非常成熟和完备的理论体系。可以将控制理论的发展历程分为经典控制理论、现代控制理论和智能控制理论三个时代。

（一）经典控制理论

从最早的自动控制技术应用到 20 世纪 50 年代，是经典控制理论形成时期。标志性的事件有：公元前我国古代劳动人民发明了自动计时器和漏壶指南针；1788 年英国人瓦特发明了离心调速器；1892 年俄国人李雅普诺夫提出稳定性理论；1932 年美国人奈奎斯特提出了基于频率特性的奈奎斯特法；1945 年荷兰人伯德提出了伯德图频域分析法；1948 年美国人维纳创立了控制论；1950 年美国人伊万斯提出了伊万斯根轨迹法；1954 年我国科学家钱学森创立了工程控制论等；至此自动控制的经典控制理论体系已基本形成。

经典控制理论主要以传递函数模型为基础，研究单输入/单输出线性定常系统的分析和设计问题，研究内容包括时域法、频域法、根轨迹法、相平面法、系统的综合等，研究重点是控制系统稳定性问题。

（二）现代控制理论

20 世纪 60 年代以来，随着航空航天技术发展的需求和计算机技术在控制领域中的广泛应用，现代控制理论体系逐渐形成。

现代控制理论主要以状态空间模型为基础，研究多输入/多输出线性定常系统的状态分析和设计问题，研究内容包括线性系统理论、最优控制、最优估计、系统辨识和自适应控制等，研究重点是系统的最优化问题。

现代控制的目的是将人类从体力劳动中解放出来。

（三）智能控制理论

近年来，随着被控系统的高度复杂性、高度不确定性的增加以及人们越来越高的控制性能要求，出现了智能控制的概念。

智能控制是人工智能、自动控制、信息论及运筹学的综合，主要研究控制领域的新理论、新技术与新方法。其研究内容包括神经网络控制、模糊控制、专家系统、信息融合、遗传算法等智能控制方法等，研究重点是自动控制系统的智能性问题，目的是试图将人类从脑力劳动中解放出来。

二、自动控制系统的研究方法

自动控制系统的研究方法主要体现在建模、分析和设计等方面。经典控制理论、现代控制理论和智能控制理论各自的研究方法不尽相同，自动控制系统的研究方法见图 1-15。

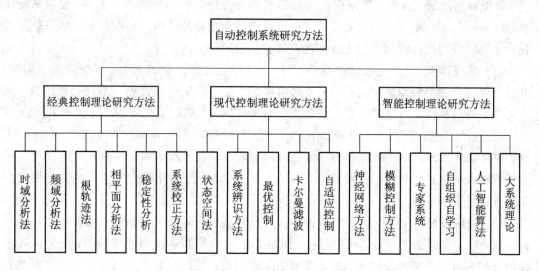

图 1-15　自动控制系统的研究方法

三、MATLAB 软件简介

MATLAB 软件是美国 MathWorks 公司于 20 世纪 80 年代推出的数值计算软件，其全称是 Matrix Laboratory（矩阵实验室）。经过几十年的开发、扩充、完善和更新换代，MATLAB 已经发展成适合多学科且功能强大的大型软件。

（一）MATLAB 软件特点

（1）直观形象的图形化操作界面。

MATLAB 的 Simulink 提供了一个图形化仿真模型库，在搭建自动控制系统时，操作界面直观形象，容易学习和掌握。

（2）功能强大，使用范围广。

MATLAB 可以解决几乎所有科学研究和工程技术应用所需要的各种计算问题，如向量及数组计算、矩阵运算、复数计算、高次方程求解、常微分方程求解、最优化算法等。

（3）语句简单，内涵丰富。

MATLAB 最基本的语句结构是赋值语句，被赋值的表达式可以是 MATLAB 的函数调用，也可以是 MATLAB 的矩阵运算等。

（4）编程效率高，扩充能力强。

MATLAB 语言提供了丰富的库函数，在编制程序时，这些库函数都可以直接被调用，因此大大提高了编程效率。同时用户还可以自建库函数，丰富扩充程序功能。

（二）MATLAB 控制工具箱

MATLAB 常用的控制类工具箱有控制系统工具箱、系统辨识工具箱、鲁棒控制工具箱、模型预测控制工具箱、模糊逻辑工具箱和非线性控制设计模块等。其中，控制系统工具箱（control system toolbox）主要处理以传递函数为主要特征的经典控制和以状态空间描述为主要特征的现代控制中的主要问题，其主要功能如下：

（1）系统建模：建立连续或离散系统的状态空间表达式、传递函数、零极点增益模型，并能实现任意两种模型之间的转换；通过串联、并联和反馈连接及更一般的框图连接，建立复杂系统的模型；通过多种方式实现连续系统离散化、离散系统的连续化及重采样。

（2）系统分析：既支持连续和离散系统，也适用于单输入/单输出和多输入/多输出系统。在时域分析方面，对控制系统的单位脉冲响应、单位阶跃响应、零输入响应及更一般的任意输入响应进行仿真。在频域分析方面，对控制系统的伯德图、奈奎斯特图、尼科尔斯图进行计算和绘制。

（3）系统设计：计算控制系统的各种特性及性能指标，如可控性和可观测性、传递函数零极点、李雅普诺夫方程、稳定裕度、阻尼系数以及根轨迹的增益选择等；支持控制系统的可控和可观测标准型实现、最小实现、降阶实现；对控制系统进行极点配置、观测器设计以及 LQR 最优控制等。

习　题　1

1-1　自动控制系统主要有哪些控制方式？

1-2　简述反馈控制系统的组成和反馈控制原理。

1-3　比较恒值控制、随动和程序控制系统的主要区别。

1-4　在下列过程中,哪些是开环控制? 哪些是闭环控制? 为什么?

(1)人驾驶汽车;(2)空调器调节室温;(3)给浴缸放水;(4)投掷铅球;(5)家用普通洗衣机;(6)多速电风扇;(7)抽水马桶;(8)普通车床;(9)高楼水箱;(10)电饭煲。

1-5　地空导弹武器系统自动驾驶仪的方块图见图 1-16,试指出该系统中的被控对象和执行元件,并分析它们的作用。

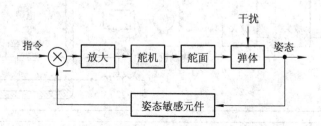

图 1-16　地空导弹武器系统自动驾驶仪方块图

1-6　水箱水位自动控制系统原理示意图见图 1-17,试说明水位保持不变的原理,并画出系统的方块图。

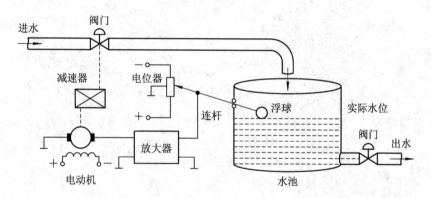

图 1-17　水箱水位自动控制系统原理示意图

1-7　仓库大门自动控制系统原理示意图见图 1-18,试说明自动控制大门开启和关闭的工作原理。如果大门不能全开或全闭,那么应当进行怎样的调整?

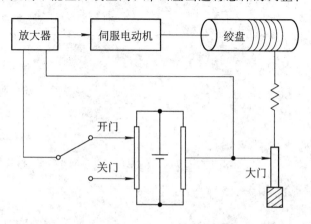

图 1-18　仓库大门自动控制系统原理示意图

1-8 电炉温度控制系统原理示意图见图1-19，试分析电炉保持温度恒定的工作过程，指出系统的被控对象、被控量及各部件的作用，最后画出系统方块图。

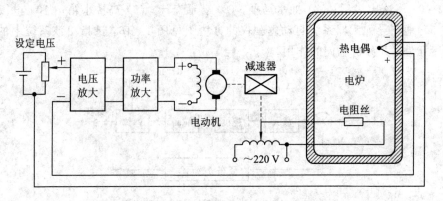

图 1-19 电炉温度控制系统原理示意图

第二章 控制系统的数学模型

本章主要介绍控制系统中数学模型的定义和分类，控制系统的微分方程、传递函数和结构图等数学模型的特性，拉普拉斯变换和模型间的相互关系，典型环节的数学模型，结构图等效变换和闭环系统传递函数的求取方法。

第一节 数学模型的定义和分类

一、数学模型的定义

控制系统的数学模型是描述控制系统内部物理量（或变量）之间关系的数学表达式。数学模型是分析控制系统的前提基础。

建立控制系统数学模型的方法有分析法和实验法两种。分析法是对控制系统各部分的运动机理进行分析，根据它们的物理或化学规律列写运动方程。实验法是人为地给控制系统施加测试信号，记录其输出响应，并用适当的数学模型去逼近，也称系统辨识。

二、数学模型的分类

控制系统的数学模型有多种形式。时域中常用的数学模型有微分方程、差分方程和状态方程，复数域中有传递函数、结构图、信流图，频域中有频率特性、幅相频率特性曲线、对数频率特性曲线等。控制系统数学模型的分类方法见表 2-1。

表 2-1 控制系统数学模型分类方法表

序号	时域	复数域	频域	z 域
1	微分方程	传递函数	频率特性	脉冲传递函数
2	差分方程	结构图	幅相频率特性曲线	—
3	状态方程	信流图	对数频率特性曲线	—

第二节 控制系统的微分方程

一、微分方程的定义

当控制系统的输入量和输出量都是时间 t 的函数时，其微分方程可以确切地描述控制系统的运动过程。微分方程是控制系统最基本的时域数学模型。

二、微分方程的建立

建立控制系统微分方程时,一般先由控制系统原理图画出系统方块图,并分别列写组成控制系统各元件的微分方程,然后消去中间变量并将方程标准化便得到描述控制系统输出量与输入量之间关系的微分方程。

例 2 - 1 已知由电阻 R、电感 L 和电容 C 组成的无源网络如图 2 - 1 所示,试列写以 $u_r(t)$ 为输入量、$u_c(t)$ 为输出量的系统微分方程。

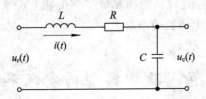

图 2 - 1 RLC 无源网络

解 设回路电流为 $i(t)$,由基尔霍夫定律可写出回路方程为

$$u_r(t) = Ri(t) + L\frac{\mathrm{d}i(t)}{\mathrm{d}t} + u_c(t) \tag{2-1}$$

$$u_c(t) = \frac{1}{C}\int i(t)\mathrm{d}t \tag{2-2}$$

消去中间变量 $i(t)$,可得描述网络输入/输出关系的微分方程为

$$LC\frac{\mathrm{d}^2 u_c(t)}{\mathrm{d}t^2} + RC\frac{\mathrm{d}u_c(t)}{\mathrm{d}t} + u_c(t) = u_r(t) \tag{2-3}$$

这个二阶线性微分方程便是图 2 - 1 所示 RLC 无源网络的数学模型。

例 2 - 2 弹簧-质量-阻尼器机械位移系统如图 2 - 2 所示。试列写质量 m 在外力 $F(t)$ 作用下,位移 $x(t)$ 的运动方程。

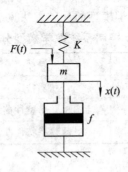

图 2 - 2 弹簧-质量-阻尼器机械位移系统

解 由牛顿第二定律有

$$m\frac{\mathrm{d}^2 x(t)}{\mathrm{d}t^2} = F(t) - F_1(t) - F_2(t) \tag{2-4}$$

其中:$F_1(t) = f\mathrm{d}x/\mathrm{d}t$,为阻尼器的作用力,其方向与运动方向相反,大小与运动速度成正比例;f 是阻尼系数;$F_2(t) = Kx(t)$ 是弹簧的弹力,其方向与运动方向相反,大小与位

移成正比例；K 是弹性系数。代入式$(2-4)$中，整理后可得系统的微分方程为

$$m\frac{\mathrm{d}^2 x(t)}{\mathrm{d}t^2} + f\frac{\mathrm{d}x(t)}{\mathrm{d}t} + Kx(t) = F(t) \tag{2-5}$$

例 2-3　电枢控制直流电动机原理图见图 $2-3$。

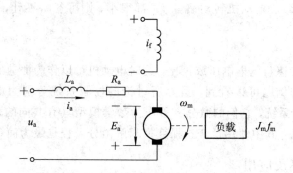

图 $2-3$　电枢控制直流电动机原理图

图 $2-3$ 中，电枢电压 $u_a(t)$ 为输入量，电动机转速 $\omega_m(t)$ 为输出量，R_a、L_a 分别是电枢电路的电阻和电感，M_c 是折合到电动机轴上总负载转矩，将激磁磁通设为常值。试列写电枢控制直流电动机的微分方程。

解　电动机的工作实质是将电能转换为机械能，其运动方程由以下三个部分组成：

(1) 电枢回路电压平衡方程：

$$u_a(t) = L_a\frac{\mathrm{d}i_a(t)}{\mathrm{d}t} + R_a i_a(t) + E_a \tag{2-6}$$

式中：E_a 是电枢反电势，大小与激磁磁通和转速成正比，方向与电枢电压 $u_a(t)$ 相反，且有 $E_a = C_e\omega_m(t)$，C_e 是反电势系数。

(2) 电磁转矩方程：

$$M_m(t) = C_m i_a(t) \tag{2-7}$$

式中：C_m 是电动机转矩系数；$M_m(t)$ 是电枢电流产生的电磁转矩。

(3) 电动机轴上的转矩平衡方程：

$$J_m\frac{\mathrm{d}\omega_m(t)}{\mathrm{d}t} + f_m\omega_m(t) = M_m(t) - M_c(t) \tag{2-8}$$

式中：f_m 是电动机和负载折合到电动机轴上的黏性摩擦系数；J_m 是电动机和负载折合到电动机轴上的转动惯量。

将式$(2-6)$至式$(2-8)$消去中间变量、可得到以 $\omega_m(t)$ 为输出量、$u_a(t)$ 为输入量的直流电动机微分方程：

$$L_a J_m\frac{\mathrm{d}^2\omega_m(t)}{\mathrm{d}t^2} + (L_a f_m + R_a J_m)\frac{\mathrm{d}\omega_m(t)}{\mathrm{d}t} + (R_a f_m + C_m C_e)\omega_m(t)$$

$$= C_m u_a(t) - L_a\frac{\mathrm{d}M_c(t)}{\mathrm{d}t} - R_a M_c(t) \tag{2-9}$$

在实际工程应用中，由于电枢电路的电感较小，通常可以忽略不计，因而式$(2-9)$可写为

$$T_m \frac{d\omega_m(t)}{dt} + \omega_m(t) = K_m u_a(t) - K_c M_c(t) \qquad (2-10)$$

式中：$T_m = R_a J_m/(R_a f_m + C_m C_e)$，是电动机机电常数；$K_m = C_m/(R_a f_m + C_m C_e)$，$K_c = R_a/(R_a f_m + C_m C_e)$ 是电动机传递系数。

如果电枢电阻 R_a 和电动机转动惯量 J_m 都很小，则可忽略不计，式(2-10)还可以进一步简化为

$$C_e \omega_m(t) = u_a(t) \qquad (2-11)$$

可见电动机的转速与电枢电压成正比，这时电动机可以作为测速发动机使用。

通过上面的几个例题可以看到，虽然所讨论的控制系统分别为电子、机械和电气系统，但它们都是二阶系统，它们的微分方程作为数学模型具有共同的表达形式。求解系统微分方程有多种方法，其中使用拉普拉斯变换求解微分方程是最为简单方便的方法。

三、拉普拉斯变换及应用

（一）拉普拉斯变换的定义

设 t 为实变量，$s = \sigma + j\omega$ 为复变量，则函数 $f(t)$ 的拉普拉斯（简称拉氏）变换 $F(s)$ 定义为

$$F(s) = \mathscr{L}[f(t)] = \int_0^\infty f(t)e^{-st}dt \qquad (2-12)$$

拉氏变换是一种单值变换。$f(t)$ 与 $F(s)$ 之间具有一一对应的关系。通常称 $f(t)$ 为原函数，$F(s)$ 为像函数。

根据拉氏变换的定义，可从已知的原函数求取对应的像函数，反之亦然。

常用原函数与像函数的对应关系见表2-2。

表2-2 常用原函数与像函数的对应关系表

序号	原函数 $f(t)$	像函数 $F(s)$	序号	原函数 $f(t)$	像函数 $F(s)$
1	$\delta(t)$	1	5	e^{-at}	$\frac{1}{s+a}$
2	$1(t)$	$\frac{1}{s}$	6	$\sin\omega t$	$\frac{\omega}{s^2+\omega^2}$
3	t	$\frac{1}{s^2}$	7	$\cos\omega t$	$\frac{s}{s^2+\omega^2}$
4	t^n	$\frac{n!}{s^{n+1}}$	8	$\frac{1}{(n-1)!}t^{n-1}e^{-at}$	$\frac{1}{(s+a)^n}$

（二）拉氏变换的基本定理

1. 线性定理

如果 $F_1(s) = \mathscr{L}[f_1(t)]$，$F_2(s) = \mathscr{L}[f_2(t)]$，且 a、b 均为常数，则有

$$\mathscr{L}[af_1(t) \pm bf_2(t)] = a[\mathscr{L}f_1(t)] \pm b[\mathscr{L}f_2(t)] = aF_1(s) \pm bF_2(s) \qquad (2-13)$$

2. 微分定理

如果 $F(s) = \mathscr{L}[f(t)]$，则有

$$\mathscr{L}\left[\frac{\mathrm{d}f(t)}{\mathrm{d}t}\right] = sF(s) - f(0)$$

$$\mathscr{L}\left[\frac{\mathrm{d}^2 f(t)}{\mathrm{d}t^2}\right] = s^2 F(s) - sf(0) - f'(0)$$

$$\vdots$$

$$\mathscr{L}\left[\frac{\mathrm{d}^n f(t)}{\mathrm{d}t^n}\right] = s^n F(s) - s^{n-1} f(0) - s^{n-2} f''(0) - \cdots - sf^{n-2}(0) - f^{n-1}(0) \quad (2-14)$$

当初始条件全为零时，有

$$\mathscr{L}\left[\frac{\mathrm{d}^n f(t)}{\mathrm{d}t^n}\right] = s^n F(s) \quad (2-15)$$

3. 积分定理

如果 $F(s) = \mathscr{L}[f(t)]$，则有

$$\mathscr{L}\left[\int f(t)\mathrm{d}t\right] = \frac{1}{s}F(s) + \frac{1}{s}f^{(-1)}(0)$$

$$\mathscr{L}\left[\int\int f(t)\mathrm{d}t\right] = \frac{1}{s^2}F(s) + \frac{1}{s}f^{(-1)}(0) + \frac{1}{s}f^{(-2)}(0)$$

$$\vdots$$

$$\mathscr{L}\left[\underbrace{\int\cdots\int}_{n} f(t)\mathrm{d}t\right] = \frac{1}{s^n}F(s) + \frac{1}{s^n}f^{(-1)}(0) + \cdots + \frac{1}{s}f^{(-n)}(0) \quad (2-16)$$

同样，若式中 $f(t)$ 及其各重积分在 $t=0$ 时的值都为零，则式(2-16)可以写为

$$\mathscr{L}\left[\underbrace{\int\cdots\int}_{n} f(t)\mathrm{d}t\right] = \frac{1}{s^n}F(s) \quad (2-17)$$

4. 位移定理

如果 $F(s) = \mathscr{L}[f(t)]$，则有实域中的位移定理

$$\mathscr{L}[f(t-\tau)] = \mathrm{e}^{-\tau s}F(s) \quad (2-18)$$

复域中的位移定理

$$\mathscr{L}[\mathrm{e}^{-at}f(t)] = F(s-a) \quad (2-19)$$

5. 终值定理

如果 $F(s) = \mathscr{L}[f(t)]$，则有

$$\lim_{t\to\infty} f(t) = \lim_{s\to 0} sF(s) \quad (2-20)$$

6. 初值定理

如果 $F(s) = \mathscr{L}[f(t)]$，则有

$$\lim_{t\to 0} f(t) = \lim_{s\to\infty} sF(s) \quad (2-21)$$

（三）拉氏反变换

拉氏变换的逆运算称为拉氏反变换。

$$f(t) = \mathscr{L}^{-1}[F(s)] = \frac{1}{2\pi j}\int_{\sigma-j\infty}^{\sigma+j\infty} F(s)e^{st}\,ds \qquad (2-22)$$

式(2-22)为复变函数，很难直接计算。实际应用中常采用将 $F(s)$ 分解成一些简单的有理分式之和，对照拉氏变换表查出其反变换的函数，即得到原函数。

设 $F(s)$ 的一般表达式为

$$F(s) = \frac{B(s)}{A(s)} = \frac{b_m s^m + b_{m-1}s^{m-1} + \cdots + b_1 s + b_0}{s^n + a_{n-1}s^{n-1} + \cdots + a_1 s + a_0} \qquad (2-23)$$

式中：$a_0, a_1, \cdots, a_{n-1}$ 以及 $b_0, b_1, \cdots, b_m$ 为实系数；m、n 为正，且 $m < n$。

(1) $A(s) = 0$ 无重根时，$F(s)$ 可分解为

$$F(s) = \frac{B(s)}{A(s)} = \frac{C_1}{s-p_1} + \frac{C_2}{s-p_2} + \cdots + \frac{C_n}{s-p_n} \qquad (2-24)$$

其中各系数可按下式求取：

$$C_i = (s-p_i)F(s)\big|_{s=p_i} \qquad (2-25)$$

对照拉氏变换表，可求得原函数为

$$f(t) = \mathscr{L}^{-1}[F(s)] = \mathscr{L}^{-1}\left[\frac{C_1}{s-p_1} + \frac{C_2}{s-p_2} + \cdots + \frac{C_n}{s-p_n}\right]$$

$$= C_1 e^{p_1 t} + C_2 e^{p_2 t} + \cdots + C_n e^{p_n t} \qquad (2-26)$$

(2) $A(s) = 0$ 有重根时，$F(s)$ 可分解为

$$F(s) = \frac{B(s)}{A(s)} = \left[\frac{C_r}{(s-p_1)^r} + \frac{C_{r-1}}{(s-p_1)^{r-1}} + \cdots + \frac{C_1}{s-p_1}\right] + \frac{C_{r+1}}{s-p_{r+1}} + \cdots + \frac{C_n}{s-p_n}$$

$$(2-27)$$

其中，p_1 为 r 重根，$C_1, C_2, \cdots, C_r$ 为重根的系数，计算公式为

$$C_{r-i} = \frac{1}{i!}\frac{d^i}{ds^i}\left[(s-p_i)^r F(s)\right]\big|_{s=p_i}, \; i = 0, 1, \cdots, r-1 \qquad (2-28)$$

$C_{r+1}, C_{r+2}, \cdots, C_n$ 为余下单根的系数，其求解方法见式(2-25)。于是有

$$f(t) = \mathscr{L}^{-1}[F(s)]$$

$$= \mathscr{L}^{-1}\left[\left[\frac{C_r}{(s-p_1)^r} + \frac{C_{r-1}}{(s-p_1)^{r-1}} + \cdots + \frac{C_1}{s-p_1}\right] + \frac{C_{r+1}}{s-p_{r+1}} + \cdots + \frac{C_n}{s-p_n}\right]$$

$$= \left[\frac{C_r}{(r-1)!}t^{r-1} + \frac{C_{r-1}}{(r-2)!}t^{r-2} + \cdots + C_1\right]e^{p_1 t} + C_{r+1}e^{p_{r+1} t} + \cdots + C_n e^{p_n t}$$

$$(2-29)$$

（四）拉氏变换的应用

例 2 - 4 对于图 2 - 1 所示的 RLC 无源网络，设其微分方程为

$$\frac{\mathrm{d}^2 u_\mathrm{c}(t)}{\mathrm{d}t^2} + 2\frac{\mathrm{d}u_\mathrm{c}(t)}{\mathrm{d}t} + u_\mathrm{c}(t) = u_\mathrm{r}(t)$$

各阶导数在 $t=0$ 时的值为零，求输入为阶跃 $1(t)$ 时，系统的输出。

解 对 RLC 电路的微分方程求拉氏变换有

$$s^2 U_\mathrm{c}(s) + 2s U_\mathrm{c}(s) + U_\mathrm{c}(s) = U_\mathrm{r}(s)$$

将 $U_\mathrm{r}(s) = \dfrac{1}{s}$ 代入上式，变换后可得

$$U_\mathrm{c}(s) = \frac{1}{s^2 + 2s + 1} U_\mathrm{r}(s) = \frac{1}{s^2 + 2s + 1} \cdot \frac{1}{s} = \frac{1}{(s+1)^2} \frac{1}{s}$$

由式（2 - 28）确定分解系数 C_2、C_1，由式（2 - 25）确定系数 C_3：

$$C_2 = \frac{1}{0!} \left[(s - p_i)^2 F(s) \right] \Big|_{s = p_i} = \left[\frac{1}{s} \right] \Big|_{s = -1} = -1$$

$$C_1 = \frac{1}{1!} \frac{\mathrm{d}}{\mathrm{d}s} \left[(s - p_i)^2 F(s) \right] \Big|_{s = p_i} = \frac{\mathrm{d}}{\mathrm{d}s} \left[\frac{1}{s} \right] \Big|_{s = -1} = \left[-\frac{1}{s^2} \right] \Big|_{s = -1} = -1$$

$$C_3 = s F(s) \big|_{s = 0} = s \frac{1}{(s+1)^2} \frac{1}{s} \Big|_{s = 0} = \frac{1}{(s+1)^2} \Big|_{s = 0} = 1$$

于是有输出的拉氏变换为

$$U_\mathrm{c}(s) = \frac{C_2}{(s+1)^2} + \frac{C_1}{(s+1)} + \frac{C_3}{s} = -\frac{1}{(s+1)^2} - \frac{1}{(s+1)} + \frac{1}{s}$$

取拉氏反变换，可得 RLC 电路的输出为

$$u_\mathrm{c}(t) = 1 - \mathrm{e}^{-t} - t\mathrm{e}^{-t}$$

第三节　控制系统的传递函数

用拉氏变换求解控制系统的输出时，可以得到控制系统在复数域中的数学模型，称为传递函数。传递函数主要用来研究控制系统的结构或参数变化对系统性能的影响。

一、传递函数的定义

传递函数定义为零初始条件下，控制系统输出量的拉氏变换与输入量的拉氏变换之比。

设控制系统微分方程为

$$\frac{\mathrm{d}^n c(t)}{\mathrm{d}t^n} + a_{n-1} \frac{\mathrm{d}^{n-1} c(t)}{\mathrm{d}t^{n-1}} + \cdots + a_1 \frac{\mathrm{d}c(t)}{\mathrm{d}t} + a_0 c(t)$$

$$= b_m \frac{\mathrm{d}^m r(t)}{\mathrm{d}t^m} + b_{m-1} \frac{\mathrm{d}^{m-1} r(t)}{\mathrm{d}t^{m-1}} + \cdots + b_1 \frac{\mathrm{d}r(t)}{\mathrm{d}t} + b_0 r(t) \tag{2 - 30}$$

式中，$r(t)$ 为控制系统输入量，$c(t)$ 为控制系统输出量，且 $n \geqslant m$。它们的各阶导数在 $t=0$ 时的值均为零，对式（2 - 30）两边取拉氏变换可得

$$(s^n + a_{n-1}s^{n-1} + \cdots + a_1 s + a_0)C(s) = (b_m s^m + b_{m-1}s^{m-1} + \cdots + b_1 s + b_0)R(s)$$

$$(2-31)$$

于是得控制系统的传递函数 $G(s)$ 为

$$G(s) = \frac{C(s)}{R(s)} = \frac{b_m s^m + b_{m-1}s^{m-1} + \cdots + b_1 s + b_0}{s^n + a_{n-1}s^{n-1} + \cdots + a_1 s + a_0}$$

$$(2-32)$$

二、传递函数的求取

(一) 按定义直接计算

例 2-5 试求取图 2-1 所示的 RLC 无源网络的传递函数。

解 已知 RLC 无源网络的微分方程为

$$LC \frac{\mathrm{d}^2 u_c(t)}{\mathrm{d}t^2} + RC \frac{\mathrm{d}u_c(t)}{\mathrm{d}t} + u_c(t) = u_r(t)$$

取拉氏变换得

$$(LCs^2 + RCs + 1)U_c(s) = U_r(s)$$

整理得 RLC 无源网络的传递函数为

$$G(s) = \frac{U_c(s)}{U_r(s)} = \frac{1}{LCs^2 + RCs + 1}$$

(二) 用阻抗法计算

对 RLC 无源网络，采取阻抗法计算传递函数较为方便。RLC 元件传递函数关系见表 2-3。

表 2-3 RLC 元件传递函数关系表

	电阻	电感	电容
符号	R	L	C
传递函数	R	Ls	$\frac{1}{Cs}$
复域模型	R	Ls	$\frac{1}{Cs}$

对于图 2-1 所示的 RLC 无源网络，对应的阻抗模型见图 2-4。

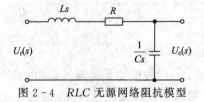

图 2-4 RLC 无源网络阻抗模型

由基尔霍夫定律可得

$$U_c(s) = \frac{\frac{1}{Cs}}{R + Ls + \frac{1}{Cs}} U_r(s) \qquad (2-33)$$

于是 RLC 无源网络传递函数为

$$G(s) = \frac{U_c(s)}{U_r(s)} = \frac{1}{LCs^2 + RCs + 1} \qquad (2-34)$$

三、传递函数的性质

(1) 传递函数是复变量 s 的有理真分式函数，s 是复数，而分式中的各项系数都是实数，它们由控制系统的结构和参数决定，而与输入量、扰动及输出量等外部因素无关。因此传递函数代表了控制系统固有特性，是一种用像函数来描述控制系统的数学模型，亦成为控制系统的复数域模型。

(2) 传递函数是一种运算函数。由 $C(s) = G(s)R(s)$ 可知，控制系统输出量的像函数等于控制系统输入量的像函数乘以传递函数，见图 2-5。若对输出量像函数取拉氏反变换，则可得输出量原函数。

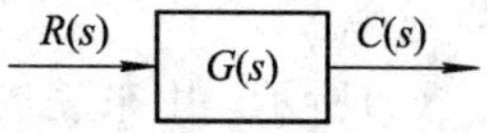

图 2-5 传递函数的图示

(3) 传递函数与微分方程之间有相通性。在零初始条件下，将微分方程的算子 $\mathrm{d}/\mathrm{d}t$ 用复数 s 置换便得到传递函数，反之亦然。传递函数如下：

$$G(s) = \frac{C(s)}{R(s)} = \frac{b_1 s + b_0}{s^2 + a_1 s + a_0} \qquad (2-35)$$

可得 s 的代数方程 $C(s)(s^2 + a_1 s + a_0) = R(s)(b_1 s + b_0)$，将 s 置换成 $\mathrm{d}/\mathrm{d}t$ 后，可得相应微分方程

$$\frac{\mathrm{d}^2 c(t)}{\mathrm{d}t^2} + a_1 \frac{\mathrm{d}c(t)}{\mathrm{d}t} + a_0 c(t) = b_1 \frac{\mathrm{d}r(t)}{\mathrm{d}t} + b_0 r(t) \qquad (2-36)$$

(4) 传递函数 $G(s)$ 的拉氏反变换是脉冲响应 $g(t)$。$g(t)$ 是控制系统对单位脉冲 $\delta(t)$ 的响应。

$$g(t) = \mathscr{L}^{-1}[C(s)] = \mathscr{L}^{-1}[G(s)R(s)] = \mathscr{L}^{-1}[G(s)] \qquad (2-37)$$

第四节　控制系统的结构图

控制系统的结构图是描述控制系统各部件之间信号传递关系的数学模型，是描述复杂控制系统的简便方法。

一、结构图的组成

控制系统的结构图包含信号线、引出点、比较点和方框四个基本元素，见图 2-6。

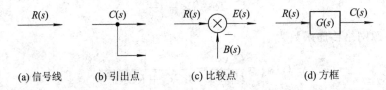

(a) 信号线　　　　(b) 引出点　　　　(c) 比较点　　　　(d) 方框

图 2-6　结构图的基本元素

（一）信号线

信号线用带箭头的直线表示。一般在线上标明该信号的拉氏变换式，见图 2-6(a)。

（二）引出点

引出点又称为分离点，如图 2-6(b)所示，表示信号线由该点引出。从同一信号线上获取的信号，其大小和性质完全相同。

（三）比较点

比较点又称为综合点，如图 2-6(c)所示，用来完成两个以上信号的加减运算，"−"表示减，"+"表示加，可忽略不写。图 2-6(c)中，$E(s)=R(s)-B(s)$。

（四）方框

方框又称为环节，表示控制系统或元件，如图 2-6(d)所示，方框左边向内的箭头为输入量，方框右边向外的箭头为输出量。方框为控制系统中相对独立的单元，传递函数为 $G(s)$。方框的输入与输出关系为 $C(s)=G(s)R(s)$。

二、结构图的建立

建立结构图的一般步骤：

（1）列写控制系统各元件的微分方程。

（2）对所列微分方程进行拉氏变换，求取其传递函数，标明输入量和输出量。

（3）按控制系统结构将各元件的结构图连接起来，将输入量置左边，输出量置右边，便得到控制系统的结构图。

例 2-6　试作出图 2-7 所示的 RLC 无源网络的结构图。

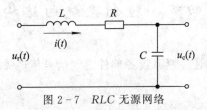

图 2-7　RLC 无源网络

解 以 $u_r(t)$ 为输入量，$u_c(t)$ 为输出量，由基尔霍夫定律列写方程：

$$u_r(t) = u_R(t) + u_L(t) + u_c(t)$$

$$u_R(t) = Ri, \quad u_L(t) = L\frac{\mathrm{d}i}{\mathrm{d}t}, \quad u_c(t) = \frac{1}{C}\int i\,\mathrm{d}t$$

对以上各式进行拉氏变换得

$$U_r(s) = U_R(s) + U_L(s) + U_c(s)$$

$$U_R(s) = RI(s), \quad U_L(s) = LsI(s), \quad I(s) = CsU_c(s)$$

由上面各式分别画出对应的单元结构图，见图 2-8。

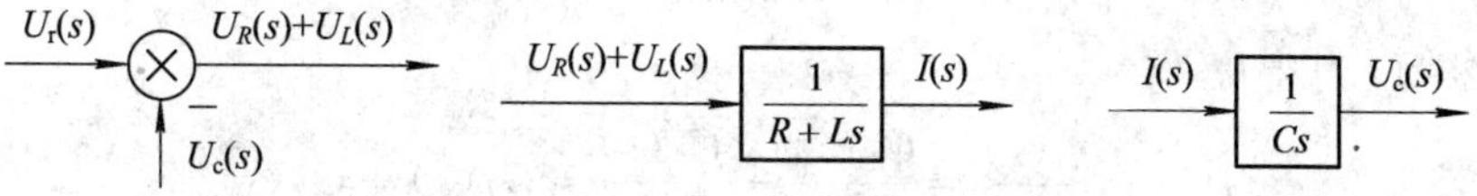

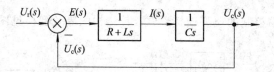

图 2-8 RLC 无源网络各单元结构图

根据控制系统中信号的传递关系及方向，可画出系统的结构图，见图 2-9。

图 2-9 RLC 无源网络结构图

后续将介绍，根据结构图变换简化规则，可求得控制系统的传递函数为

$$G(s) = \frac{U_c(s)}{U_r(s)} = \frac{1}{LCs^2 + RCs + 1} \tag{2-38}$$

三、结构图的变换

结构图的变换等效于将元部件运动方程式消去中间变量的过程。结构图等效变换的规则是变换前后的输入量和输出量均保持不变。

（一）串联变换规则

两个串联连接方框的等效传递函数为两个传递函数之积，见图 2-10。

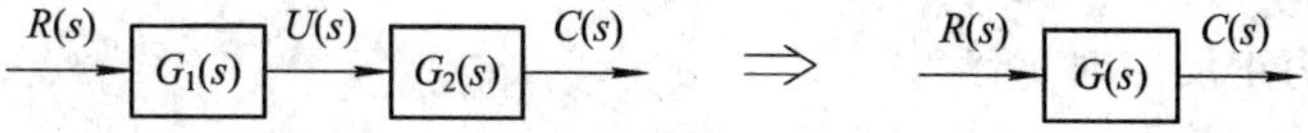

图 2-10 串联结构图等效变换

由图 2-10 可得

$$G(s) = \frac{C(s)}{R(s)} = \frac{U(s)G_2(s)}{R(s)} = \frac{U(s)}{R(s)}G_2(s) = G_1(s)G_2(s) \tag{2-39}$$

这个结论可以推广到 n 个方框串联的情况。

（二）并联变换规则

两个并联连接方框的等效传递函数为两个传递函数之和，见图 2-11。

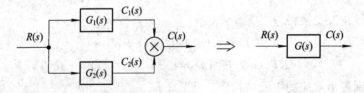

图 2-11　并联结构图等效变换

由图 2-11 可得

$$G(s) = \frac{C(s)}{R(s)} = \frac{C_1(s)}{R(s)} + \frac{C_2(s)}{R(s)} = G_1(s) + G_2(s) \tag{2-40}$$

这个结论可以推广到 n 个方框并联的情况。

（三）反馈连接变换规则

负反馈连接是反馈控制的典型连接形式，其结构图等效变换见图 2-12。

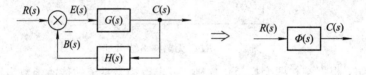

图 2-12　负反馈连接结构图等效变换

由图 2-12 所示可得

$$E(s) = R(s) - B(s), \ B(s) = H(s)C(s), \ C(s) = G(s)E(s)$$

则有

$$\begin{aligned} C(s) &= G(s)E(s) = G(s)[R(s) - B(s)] \\ &= G(s)[R(s) - H(s)C(s)] \\ &= G(s)R(s) - G(s)H(s)C(s) \end{aligned} \tag{2-41}$$

合并同类项，有负反馈连接等效传递函数为

$$\Phi(s) = \frac{C(s)}{R(s)} = \frac{G(s)}{1 + G(s)H(s)} \tag{2-42}$$

当反馈连接为正反馈时，有

$$\Phi(s) = \frac{C(s)}{R(s)} = \frac{G(s)}{1 - G(s)H(s)} \tag{2-43}$$

一般称 $G(s)$ 为前向通路传递函数，$H(s)$ 为反馈通路传递函数，$\Phi(s)$ 为闭环传递函数。

（四）引出点的移动规则

引出点的移动规则遵守等效变换规则，即移动前后的输入量和输出量保持不变。

（1）引出点前移，如图 2 - 13 所示。

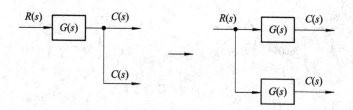

图 2 - 13　引出点前移

（2）引出点后移，如图 2 - 14 所示。

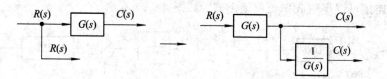

图 2 - 14　引出点后移

（3）引出点互移，如图 2 - 15 所示。

图 2 - 15　引出点互移

（五）比较点的移动规则

比较点的移动规则同样遵守等效变换规则，即移动前后的输入量和输出量保持不变。

（1）比较点前移，如图 2 - 16 所示。

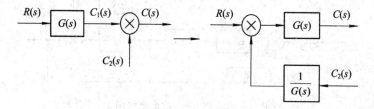

图 2 - 16　比较点前移

（2）比较点后移，如图 2 - 17 所示。

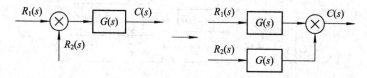

图 2 - 17　比较点后移

（3）比较点互移，如图 2-18 所示。

图 2-18　比较点互移

（六）等效单位反馈

负反馈连接可以等效成单位反馈形式，如图 2-19 所示。

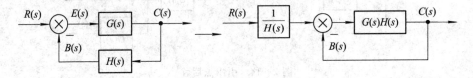

图 2-19　等效单位反馈系统

例 2-7　试简化图 2-20 所示控制系统结构图，并求该系统的传递函数。

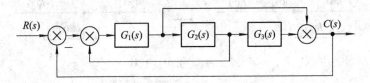

图 2-20　例 2-7 控制系统结构图

解　将 $G_1(s)$ 和 $G_2(s)$ 之间的引出点移至 $G_2(s)$ 和 $G_3(s)$ 之间，见图 2-21。

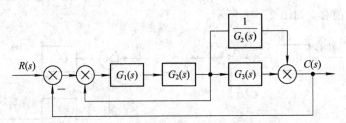

图 2-21　例 2-7 系统结构图 1

合并 $G_1(s)$、$G_2(s)$ 和 $G_3(s)$、$\dfrac{1}{G_2(s)}$ 等，可得图 2-22。

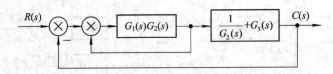

图 2-22　例 2-7 系统结构图 2

继续简化可得图 2-23、图 2-24，最后得图 2-25。

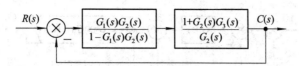

图 2-23　例 2-7 系统结构图 3

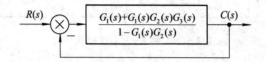

图 2-24　例 2-7 系统结构图 4

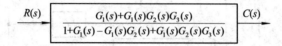

图 2-25　例 2-7 系统结构图 5

故该控制系统的等效传递函数为

$$\Phi(s) = \frac{C(s)}{R(s)} = \frac{G_1(s) + G_1(s)G_2(s)G_3(s)}{1 + G_1(s) - G_1(s)G_2(s) + G_1(s)G_2(s)G_3(s)}$$

例 2-8　某控制系统结构图见图 2-26，试简化该系统并求出该系统的传递函数。

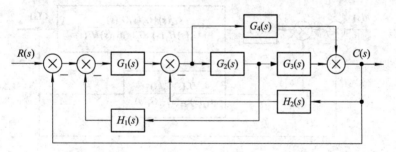

图 2-26　例 2-8 控制系统结构图

解　将 $G_2(s)$ 和 $G_3(s)$ 之间的引出点前移至 $G_2(s)$ 输入端与比较点之间，见图 2-27。

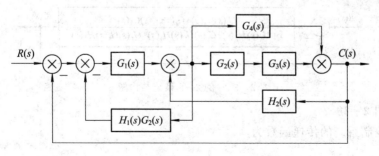

图 2-27　例 2-8 系统结构图 1

合并简化 $G_2(s)$、$G_3(s)$ 和 $G_4(s)$，可得图 2-28。将与 $H_1(s)G_2(s)$ 输入端相连的引出点后移至输出点，得图 2-29。

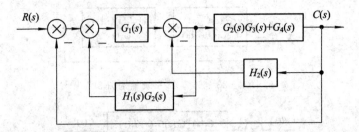

图 2 - 28　例 2-8 系统结构图 2

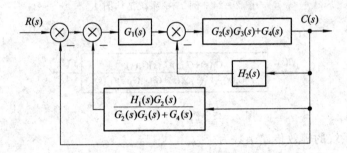

图 2 - 29　例 2-8 系统结构图 3

计算最里面的内环,得图 2-30。

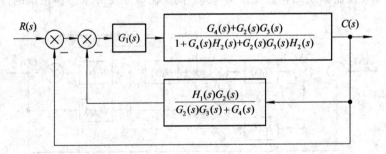

图 2 - 30　例 2-8 系统结构图 4

继续计算内环,得图 2-31。

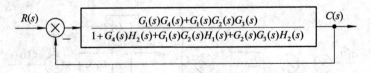

图 2 - 31　例 2-8 系统结构图 5

最后得图 2-32。

简化后控制系统的传递函数为

$$\Phi(s) = \frac{C(s)}{R(s)}$$

$$= \frac{G_1(s)G_4(s) + G_1(s)G_2(s)G_3(s)}{1 + G_1(s)G_4(s) + G_4(s)H_2(s) + G_1(s)G_2(s)G_3(s) + G_1(s)G_2(s)H_1(s) + G_2(s)G_3(s)H_2(s)}$$

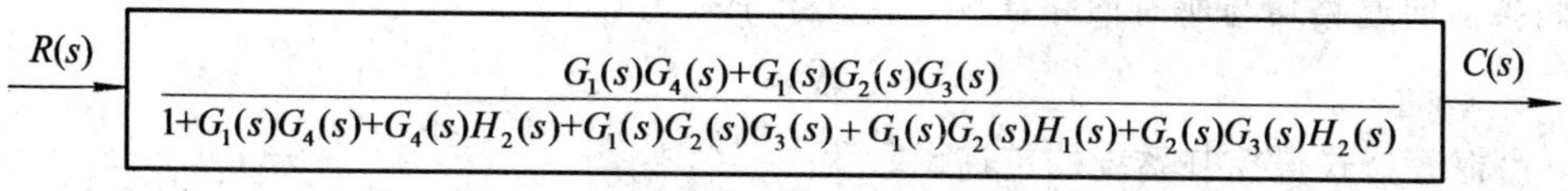

$$R(s) \longrightarrow \boxed{\dfrac{G_1(s)G_4(s)+G_1(s)G_2(s)G_3(s)}{1+G_1(s)G_4(s)+G_4(s)H_2(s)+G_1(s)G_2(s)G_3(s)+G_1(s)G_2(s)H_1(s)+G_2(s)G_3(s)H_2(s)}} \longrightarrow C(s)$$

图 2-32　例 2-8 系统结构图 6

可见，当系统结构连接过于复杂时，采用结构图变换方法计算繁琐，可能难以得到控制系统的等效传递函数。采用梅逊公式可以较为容易地求得控制系统的等效传递函数。

四、梅逊公式及其应用

梅逊公式的一般表示形式为

$$\Phi(s) = \frac{1}{\Delta} \sum_{k=1}^{n} P_k \Delta_k \qquad (2-44)$$

式中：$\Phi(s)$ 为控制系统等效传递函数；Δ 为特征式，有 $\Delta = 1 - \sum L_a + \sum L_a L_b - \sum L_a L_b L_c + \cdots$；$\sum L_a$ 为控制系统中所有回路的回路传递函数之和，$\sum L_a L_b$ 为系统中所有两个互不接触回路的回路传递函数之和，$\sum L_a L_b L_c$ 为系统中所有三个互不接触回路的回路传递函数之和，以此类推；P_k 为从输入端至输出端的第 k 条前向通路的传递函数；Δ_k 为与第 k 条前向通路不接触部分的 Δ 值，称为第 k 条前向通路的余因子。

回路传递函数是指回路中的前向通路与反馈通路的传递函数之积（包含正负号）。

例 2-9　对于例 2-8 中的系统结构图（见图 2-26），试用梅逊公式求出该系统的传递函数。

解　由图 2-26 可知，控制系统的前向通路有两条，$k=2$。各前向通路传递函数分别为

$$P_1 = G_1(s)G_2(s)G_3(s)$$
$$P_2 = G_1(s)G_4(s)$$

控制系统有 5 个回路，各回路的传递函数分别为

$$L_1 = -G_1(s)G_2(s)H_1(s)$$
$$L_2 = -G_2(s)G_3(s)H_2(s)$$
$$L_3 = -G_1(s)G_2(s)G_3(s)$$
$$L_4 = -G_4(s)H_2(s)$$
$$L_5 = -G_1(s)G_4(s)$$

于是有

$$\sum L_a = L_1 + L_2 + L_3 + L_4 + L_5$$
$$= -G_1(s)G_2(s)H_1(s) - G_2(s)G_3(s)H_2(s) -$$
$$G_1(s)G_2(s)G_3(s) - G_4(s)H_2(s) - G_1(s)G_4(s)$$

系统所有回路都相互接触，故特征式为

$$\Delta = 1 - \sum L_a$$
$$= 1 + G_1(s)G_2(s)H_1(s) + G_2(s)G_3(s)H_2(s) +$$
$$G_1(s)G_2(s)G_3(s) + G_4(s)H_2(s) + G_1(s)G_4(s)$$

两条前向通路均与所有回路接触，故其余子式为
$$\Delta = 1$$
所以，由梅逊公式得控制系统的传递函数为

$$\Phi(s) = \frac{P_1\Delta_1 + P_2\Delta_2}{\Delta}$$

$$= \frac{G_1(s)G_4(s) + G_1(s)G_2(s)G_3(s)}{1 + G_1(s)G_4(s) + G_4(s)H_2(s) + G_1(s)G_2(s)G_3(s) + G_1(s)G_2(s)H_1(s) + G_2(s)G_3(s)H_2(s)}$$

可见，采用梅逊公式求控制系统的传递函数比采用结构图变换简化方法要简单一些。

五、闭环系统传递函数

前面讨论的控制系统传递函数是在输入信号作用下的闭环传递函数，我们还可以定义扰动作用下的闭环传递函数以及闭环系统的误差传递函数。一个典型的反馈系统的结构图见图 2-33。图中，$G_c(s)$ 是控制器，$G_o(s)$ 是被控对象，$H(s)$ 是反馈网络，$R(s)$ 是有用输入信号，$N(s)$ 是扰动，$C(s)$ 是控制系统的输出信号。

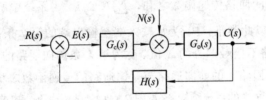

图 2-33　控制系统结构图

（一）输入信号作用下的闭环传递函数

只考虑输入信号作用时，令 $N(s)=0$，可直接求得输入到输出之间的传递函数为
$$\Phi(s) = \frac{C(s)}{R(s)} = \frac{G_c(s)G_o(s)}{1 + G_c(s)G_o(s)H(s)} \tag{2-45}$$
当控制系统输入和传递函数已知时，可求得系统输出为
$$C(s) = \Phi(s)R(s) = \frac{G_c(s)G_o(s)}{1 + G_c(s)G_o(s)H(s)}R(s) \tag{2-46}$$

（二）扰动作用下的闭环传递函数

只考虑扰动作用时，令 $R(s)=0$，可直接求得扰动到输出之间的传递函数为
$$\Phi_n(s) = \frac{C(s)}{N(s)} = \frac{G_o(s)}{1 + G_c(s)G_o(s)H(s)} \tag{2-47}$$
当控制系统扰动和传递函数已知时，可求得系统在扰动作用下的输出为
$$C(s) = \Phi_n(s)N(s) = \frac{G_o(s)}{1 + G_c(s)G_o(s)H(s)}N(s) \tag{2-48}$$
当输入和扰动同时作用时，根据线性系统叠加原理，控制系统的输出为

$$\sum C(s) = \Phi(s)R(s) + \Phi_{\mathrm{n}}(s)N(s)$$

$$= \frac{1}{1 + G_c(s)G_o(s)H(s)} \left[G_c(s)G_o(s)R(s) + G_o(s)N(s) \right]$$

$$(2-49)$$

当同时满足 $|G_c(s)G_o(s)H(s)| \gg 1$ 和 $|G_c(s)H(s)| \gg 1$ 条件时,式(2-49)可简化为

$$\sum C(s) \approx \frac{1}{H(s)} R(s) \qquad (2-50)$$

式(2-50)表明,在一定条件下,控制系统的输出只取决于反馈通路的传递函数 $H(s)$ 和输入信号 $R(s)$,与前向通路的传递函数无关,也不受扰动作用的影响。特别是当 $H(s)=1$,即单位负反馈时,$C(s) \approx R(s)$,从而实现了对输入信号的完全复现,且对扰动有较强的抑制能力。

(三)闭环系统的误差传递函数

闭环系统在输入信号和扰动作用下,以误差信号 $E(s)$ 作为输出时的传递函数称为误差传递函数。由结构图等效变换或梅逊公式可得

$$\Phi_{\mathrm{er}}(s) = \frac{E(s)}{R(s)} = \frac{1}{1 + G_c(s)G_o(s)H(s)} \qquad (2-51)$$

$$\Phi_{\mathrm{en}}(s) = \frac{E(s)}{N(s)} = \frac{-G_o(s)H(s)}{1 + G_c(s)G_o(s)H(s)} \qquad (2-52)$$

同样,应用叠加原理,可以求得输入信号和扰动同时作用下的误差信号为

$$\sum E(s) = \Phi_{\mathrm{er}}(s)R(s) + \Phi_{\mathrm{en}}(s)N(s)$$

$$= \frac{1}{1 + G_c(s)G_o(s)H(s)} \left[R(s) - G_o(s)H(s)N(s) \right] \qquad (2-53)$$

第五节 典型环节的数学模型

典型环节是自动控制系统的基本组成单元。常见的典型环节有比例环节、积分环节、微分环节、惯性环节、振荡环节等。

一、比例环节

比例环节是输出量与输入量成正比关系的环节。其微分方程为 $c(t) = Kr(t)$,传递函数为 $G(s) = K$,比例环节框图见图 2-34。电阻元件的电压与电流之间的关系即为比例环节。

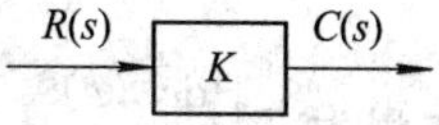

图 2-34 比例环节框图

二、积分和微分环节

积分环节是输出量与输入量呈积分关系的环节。其微分方程为 $C(t) = \dfrac{1}{T}\displaystyle\int_0^t r(t)\mathrm{d}t$，传递函数为 $G(s) = \dfrac{1}{Ts}$，积分环节框图见图 2-35。电容元件的电压与电流之间的关系即为积分环节。

微分环节是输出量与输入量呈微分关系的环节。其微分方程为 $c(t) = \tau\dfrac{\mathrm{d}r(t)}{\mathrm{d}t}$，传递函数为 $G(s) = \tau s$，微分环节框图见图 2-36。电感元件的电流与电压之间的关系即为微分环节。

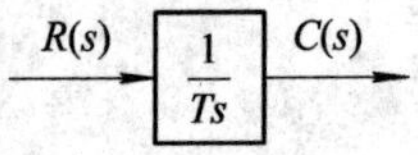

图 2-35　积分环节框图 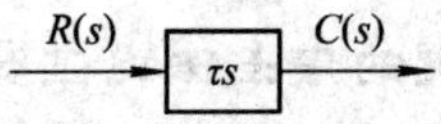　　　　图 2-36　微分环节框图

三、惯性和一阶微分环节

惯性环节为一阶系统，其微分方程为 $T\dfrac{\mathrm{d}c(t)}{\mathrm{d}t} + c(t) = r(t)$，传递函数为 $G(s) = \dfrac{1}{Ts+1}$，惯性环节框图见图 2-37。RC 阻容网络、弹簧阻尼系统和温度控制系统均为惯性环节。

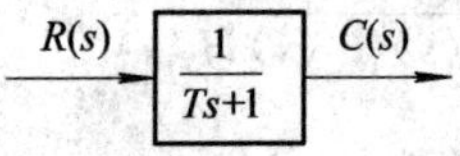

图 2-37　惯性环节框图

一阶微分环节也称为比例微分环节，其微分方程为 $c(t) = \tau\dfrac{\mathrm{d}r(t)}{\mathrm{d}t} + r(t)$，传递函数为 $G(s) = \tau s + 1$，是惯性环节传递函数的倒数，式中 T 为微分时间常数。一阶微分环节框图见图 2-38。

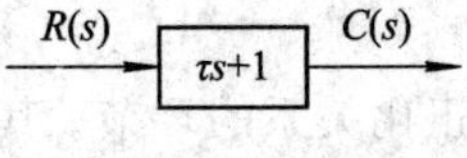

图 2-38　比例微分环节框图

四、振荡和二阶微分环节

振荡环节为二阶系统，其微分方程为 $T^2\dfrac{\mathrm{d}c^2(t)}{\mathrm{d}t^2} + 2T\xi\dfrac{\mathrm{d}c(t)}{\mathrm{d}t} + c(t) = r(t)$，传递函数为 $G(s) = \dfrac{1}{T^2s^2 + 2T\xi s + 1} = \dfrac{\omega_n^2}{s^2 + 2\xi\omega_n s + \omega_n^2}$，式中 $\omega_n = \dfrac{1}{T}$ 为无阻尼自然振荡频率，ξ 为阻

尼系数，也称阻尼比。振荡环节框图见图 2-39。

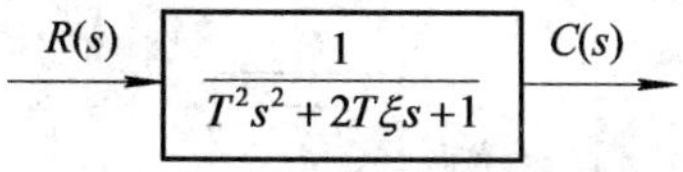

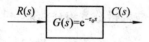

$$\frac{R(s) \rightarrow \boxed{\dfrac{1}{T^2 s^2 + 2T\xi s + 1}} \rightarrow C(s)}{}$$

图 2-39 振荡环节框图

二阶微分环节的微分方程为 $\tau^2 \dfrac{\mathrm{d}r^2(t)}{\mathrm{d}t^2} + 2\tau\xi \dfrac{\mathrm{d}r(t)}{\mathrm{d}t} + r(t) = c(t)$，传递函数是振荡环节传递函数的倒数，$G(s) = \tau^2 s^2 + 2\tau\xi s + 1$。二阶微分环节框图见图 2-40。

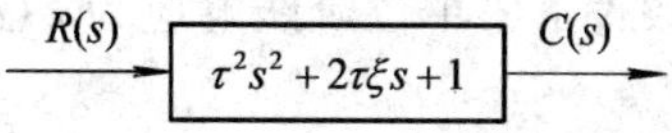

$$R(s) \rightarrow \boxed{\tau^2 s^2 + 2\tau\xi s + 1} \rightarrow C(s)$$

图 2-40 二阶微分环节框图

五、延迟环节

振荡环节微分方程为 $c(t) = r(t - \tau_0)$，传递函数为 $G(s) = \mathrm{e}^{-\tau_0 s}$，式中 τ_0 为延迟时间。延迟环节框图见图 2-41。

$$R(s) \rightarrow \boxed{G(s) = \mathrm{e}^{-\tau_0 s}} \rightarrow C(s)$$

图 2-41 延迟环节框图

习 题 2

2-1 何为控制系统数学模型？常见控制系统数学模型有哪些？

2-2 什么是控制系统的传递函数？传递函数和控制系统的哪些因素有关？

2-3 控制系统结构图由哪几部分构成？由结构图求取传递函数的方法有哪些？

2-4 简述控制系统结构图等效变换的规则。

2-5 试建立图 2-42 所示电路与机械系统的微分方程，并进行比较。

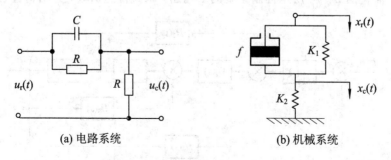

(a) 电路系统   (b) 机械系统

图 2-42 电路系统和机械系统

2-6 试求图 2-43 所示电路系统的传递函数。

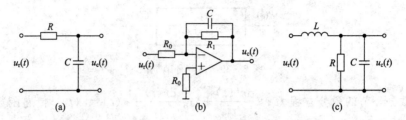

图 2-43 电路系统

2-7 已知某系统零初始条件下的单位阶跃响应为 $c(t)=1-e^{-10t}$，试求该系统的传递函数。

2-8 控制系统结构图见图 2-44。

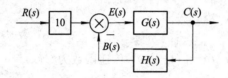

图 2-44 控制系统结构图

若 $G(s)$ 和 $H(s)$ 两方框相对应的微分方程分别是

$$6\frac{\mathrm{d}c(t)}{\mathrm{d}t}+10c(t)=20e(t) \quad \text{和} \quad 20\frac{\mathrm{d}b(t)}{\mathrm{d}t}+5b(t)=10c(t)$$

且初始条件为零，试求传递函数 $C(s)/R(s)$ 及 $E(s)/R(s)$。

2-9 简化图 2-45 所示控制系统的结构图，并求其传递函数。

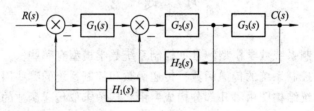

图 2-45 控制系统结构图

2-10 简化图 2-46 所示控制系统的结构图，求其传递函数，并用梅逊公式验证。

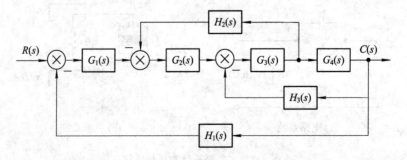

图 2-46 控制系统结构图

2-11　试求图 2-47 所示控制系统的传递函数。

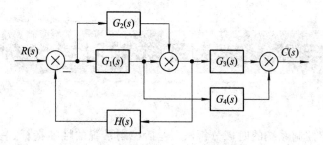

图 2-47　控制系统结构图

第三章　控制系统的时域分析法

本章主要介绍控制系统的时域分析法，包括控制系统的性能指标、一阶系统的性能分析、二阶系统的性能分析、控制系统的稳定性分析和控制系统的稳态误差等内容。

第一节　控制系统的性能指标

控制系统时域分析法具有直观、准确的优点，可以得到系统时间响应的全部信息。控制系统的性能指标，可以通过在输入信号作用下系统的过渡过程来评价。虽然实际控制系统的输入信号可能不是预先知道的，但可以用一些典型输入信号去合成和近似。

一、典型输入信号

控制系统时域分析法采用的典型输入信号有单位阶跃信号、单位斜坡信号、单位加速度信号、单位脉冲信号和单位正弦信号等。

（一）单位阶跃信号

单位阶跃信号的数学表达式为

$$r(t) = 1(t) = \begin{cases} 1, & t \geqslant 0 \\ 0, & t < 0 \end{cases} \tag{3-1}$$

其拉氏变换为

$$\mathscr{L}[r(t)] = \mathscr{L}[1] = \frac{1}{s} \tag{3-2}$$

其波形图见图 3-1。

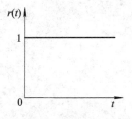

图 3-1　单位阶跃信号波形

在时域分析法中，对单位阶跃信号的应用最为广泛，如实际应用中电源的突然接通、指令的突然转换、温度调节值的突然设定等均可用单位阶跃信号近似表示。

（二）单位斜坡信号

单位斜坡信号也称速度函数，其数学表达式为

$$r(t) = \begin{cases} t, & t \geqslant 0 \\ 0, & t < 0 \end{cases} \qquad (3-3)$$

其拉氏变换为

$$\mathscr{L}[r(t)] = \mathscr{L}[t] = \frac{1}{s^2} \qquad (3-4)$$

其波形图见图 3-2。

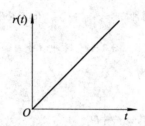

图 3-2　单位斜坡信号波形

跟踪空中匀速飞行的目标和跟踪通信卫星的天线控制系统以及输入信号随时间逐渐变化的系统等，均可将输入信号近似看作斜坡信号。

（三）单位加速度信号

单位加速度信号也称抛物线函数，其数学表达式为

$$r(t) = \begin{cases} \dfrac{1}{2}t^2, & t \geqslant 0 \\ 0, & t < 0 \end{cases} \qquad (3-5)$$

其拉氏变换为

$$\mathscr{L}[r(t)] = \mathscr{L}\left[\frac{t^2}{2}\right] = \frac{1}{s^3} \qquad (3-6)$$

其波形图见图 3-3。

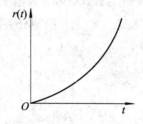

图 3-3　单位加速度信号波形

抛物线函数可以模拟匀加速运动变化规律的物理量。

（四）单位脉冲信号

单位脉冲信号的波形图见图 3-4(a)。

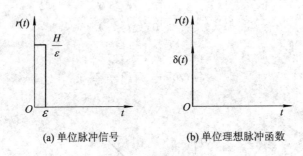

(a) 单位脉冲信号　　　　(b) 单位理想脉冲函数

图 3-4　脉冲信号

单位脉冲信号的数学表达式为

$$r(t)=\begin{cases}0, & t<0,\ t>\varepsilon \\ \dfrac{H}{\varepsilon}, & 0\leqslant t\leqslant \varepsilon\end{cases} \tag{3-7}$$

当 $H=1$ 时，记为 $\delta_\varepsilon(t)$。若令脉宽 $\varepsilon\to 0$，则称其为单位理想脉冲函数，如图 3-4(b) 所示，并用 $\delta(t)$ 表示，即

$$\delta(t)=\lim_{\varepsilon\to 0}\delta_\varepsilon(t)=\begin{cases}0, & t\neq 0 \\ \infty, & t=0\end{cases} \tag{3-8}$$

其面积（又称脉冲强度）为

$$\int_{-\infty}^{+\infty}\delta(t)\mathrm{d}t=1 \tag{3-9}$$

其拉氏变换为

$$\mathscr{L}[r(t)]=\mathscr{L}[\delta(t)]=1 \tag{3-10}$$

工程实践中，控制系统遭受的瞬间扰动可用脉冲函数近似表示，如脉动电压信号、冲击力、阵风等。

以上四种函数之间的关系为加速度函数的微分为速度函数，速度函数的微分为阶跃函数，阶跃函数的微分为脉冲函数，反之它们之间的积分关系也成立。

（五）单位正弦信号

单位正弦信号的数学表达式为

$$r(t)=A\sin\omega t \tag{3-11}$$

其拉氏变换为

$$\mathscr{L}[r(t)]=\mathscr{L}[A\sin\omega t]=\frac{A\omega}{s^2+\omega^2} \tag{3-12}$$

其波形图见图 3-5。

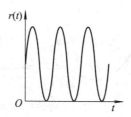

图 3-5　正弦信号波形

在实际控制系统中，交流电源、振动的噪声、海浪的扰动等均可用正弦信号近似表示。另外，正弦信号还用于求控制系统的频率特性，这将在控制系统频域分析法中讨论。

二、动态过程和稳态过程

在典型输入信号作用下，控制系统的输出时间响应由动态过程和稳态过程两部分组成。

（一）动态过程

动态过程又称过渡过程和瞬态过程，指控制系统在典型输入信号作用下，系统输出量从初始状态到最终状态的响应过程。根据控制系统结构参数的不同，动态过程可表现为衰减、发散或等幅振荡形式。显然，一个可以实际运行的控制系统，其动态过程必须是衰减的，也就是说，控制系统是稳定的。

（二）稳态过程

稳态过程指控制系统在典型输入信号作用下，当时间趋于无穷时，系统输出量的表现形式。稳态过程又称稳态响应，表示控制系统输出量最终复现输入量的程度。

三、动态性能和稳态性能

控制系统的性能指标，通常由动态性能指标和稳态性能指标两部分组成。

（一）动态性能

动态性能指标是指表征在单位阶跃信号作用下，控制系统输出响应动态过程随时间变化状况的指标，包括上升时间、峰值时间、调节时间和超调量等。单位阶跃响应曲线如图 3-6 所示。

1. 上升时间 t_r

上升时间是指控制系统响应第一次从零上升到终值所需的时间，用 t_r 表示。对于无振荡的控制系统，亦可定义为从终值的 10% 上升到终值的 90% 所需的时间。上升时间是控制系统响应速度的一种度量，上升时间越短，系统响应速度越快。

2. 峰值时间 t_p

峰值时间是指控制系统响应超过终值到达第一个峰值所需的时间，用 t_p 表示。

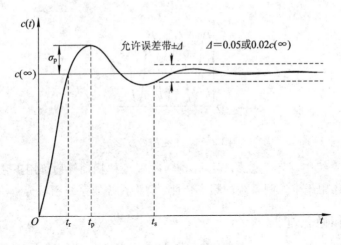

图 3-6　单位阶跃响应曲线

3. 调节时间 t_s

调节时间是指控制系统响应到达并保持在终值的 $\pm 5\%$ 以内所需的最短时间，用 t_s 表示。也可定义终值的 $\pm 2\%$ 为系统误差范围。t_s 越小，表明控制系统动态响应过程越短，系统快速性越好。

4. 超调量 $\sigma\%$

超调量是指控制系统响应的最大偏离量 $c(t_p)$ 与终值 $c(\infty)$ 之差与终值 $c(\infty)$ 比的百分数，即

$$\sigma\% = \frac{c(t_p) - c(\infty)}{c(\infty)}\% \tag{3-13}$$

超调量反映控制系统响应平稳性的状况，当 $c(t_p) < c(\infty)$ 时，控制系统响应无超调。

（二）稳态性能

稳态误差是描述控制系统稳态性能的一种性能指标，定义为控制系统响应的稳态值与期望值之差，用 e_{ss} 表示。当控制系统输入为单位阶跃信号时，有 $e_{ss} = 1 - c(\infty)$。

第二节　一阶系统的性能分析

一、一阶系统的数学模型

当控制系统的数学模型为一阶微分方程时，称其为一阶系统。工程上一阶物理系统的应用很多，如热系统、直流发电机、RC 或 RL 电路等。有些高阶系统也可以用一阶系统来近似表征。

典型一阶 RC 电路如图 3-7 所示。其数学模型为

$$RC\frac{\mathrm{d}u_c(t)}{\mathrm{d}t} + u_c(t) = u_r(t) \tag{3-14}$$

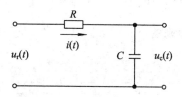

图 3-7　一阶 RC 电路

一阶 RC 电路的结构图见图 3-8，其中 $T=RC$，称为时间常数。

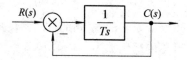

图 3-8　一阶 RC 电路的结构图

由结构图可得一阶系统的传递函数为

$$\Phi(s)=\frac{C(s)}{R(s)}=\frac{1}{Ts+1} \tag{3-15}$$

二、一阶系统动态性能分析

（一）一阶系统的单位阶跃响应

设一阶系统的输入信号为单位阶跃信号 $r(t)=1(t)$，则由式(3-15)可得

$$C(s)=\Phi(s)R(s)=\frac{1}{Ts+1}\cdot\frac{1}{s}=\frac{1}{s}-\frac{T}{Ts+1}=\frac{1}{s}-\frac{1}{s+1/T} \tag{3-16}$$

对式(3-16)进行拉氏反变换，得一阶系统的单位阶跃响应为

$$c(t)=1-e^{-t/T},\quad t\geqslant 0 \tag{3-17}$$

式(3-17)中，第一项为输出响应的稳态分量，第二项为输出响应的瞬态分量。

一阶系统的单位阶跃响应曲线如图 3-9 所示。

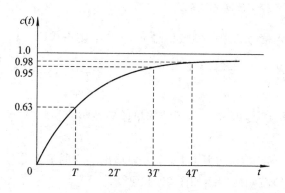

图 3-9　一阶系统单位阶跃响应曲线

图 3-9 中，一阶系统的单位阶跃响应曲线呈单调上升，且终值为 1。显然，响应曲线无超调量，其调节时间为 $t_s\approx 3T$（按 ±5% 误差带），$t_s\approx 4T$（按 ±2% 误差带）。由于响应曲线无振荡，因此上升时间应为从终值的 10% 上升到终值的 90% 的时间，计算可得 $t_r=2.2T$。

例 3 - 1 某一阶系统结构图如图 3 - 10 所示，其中某元部件的传递函数 $G(s)=$ $\dfrac{10}{0.2s+1}$，欲将调节时间减至原来的 0.1 倍，但总的放大倍数不变，试求 K_h 和 K_0 的值。

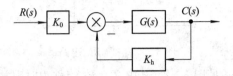

图 3 - 10　某一阶系统结构图

解　根据题意，将调节时间减至原来的 0.1 倍，即将 T 减至原来的 0.1 倍，又要求总的放大倍数不变，所以系统的闭环传递函数为

$$\Phi(s)=\frac{C(s)}{R(s)}=\frac{10}{\dfrac{0.2}{10}s+1}=\frac{10}{1+0.02s}$$

由结构图可知

$$\Phi(s)=\frac{K_0G(s)}{1+K_hG(s)}=\frac{K_0\dfrac{10}{0.2s+1}}{1+K_h\dfrac{10}{0.2s+1}}=\frac{10K_0}{1+0.2s+10K_h}=\frac{\dfrac{10K_0}{1+10K_h}}{1+\dfrac{0.2}{1+10K_h}s}$$

比对后可得

$$\begin{cases} \dfrac{10K_0}{1+10K_h}=10 \\ 1+10K_h=10 \end{cases}$$

故解得

$$\begin{cases} K_h=0.9 \\ K_0=10 \end{cases}$$

（二）一阶系统的单位斜坡响应

设一阶系统的输入信号为单位斜坡信号 $r(t)=t$，则由式(3-15)可得

$$C(s)=\Phi(s)R(s)=\frac{1}{Ts+1}\cdot\frac{1}{s^2}=\frac{1}{s^2}-\frac{T}{s}+\frac{T^2}{Ts+1}=\frac{1}{s^2}-\frac{T}{s}+\frac{T}{s+\dfrac{1}{T}} \qquad (3-18)$$

对式(3-18)进行拉氏反变换，得一阶系统的单位斜坡响应为

$$c(t)=t-T+Te^{-t/T}, \quad t\geqslant 0 \qquad (3-19)$$

式中，$t-T$ 为输出响应的稳态分量，$Te^{-t/T}$ 为输出响应的瞬态分量。

一阶系统的单位斜坡响应曲线如图 3 - 11 所示。

图 3 - 11 中，一阶系统的单位斜坡响应的稳态分量是一个与输入单位斜坡信号斜率相同但时间上滞后 T 的斜坡函数。同时可见一阶系统对单位斜坡信号的跟踪误差随时间增加而增加，最后趋于常值 T，也就是说，一阶系统跟不上单位斜坡信号。

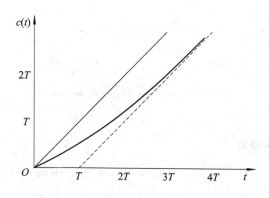

图 3-11 一阶系统单位斜坡响应曲线

（三）一阶系统的其他典型输入响应

同理可求得一阶系统对单位脉冲和单位加速度信号的响应，见表 3-1。

表 3-1 一阶系统对典型输入信号的输出响应

序号	输入信号	函数表达式	输出响应
1	单位脉冲	$\delta(t)$	$T^{-1}e^{-t/T}, t \geq 0$
2	单位阶跃	$1(t)$	$1 - e^{-t/T}, t \geq 0$
3	单位速度	t	$t - T + Te^{-t/T}, t \geq 0$
4	单位加速度	$0.5t^2$	$0.5t^2 - Tt + T^2(1 - e^{-t/T}), t \geq 0$

前面讨论过典型输入信号之间的关系，即由单位加速度函数求导可得单位速度函数，单位速度函数求导可得单位阶跃函数，单位阶跃函数求导可得单位脉冲函数。此关系可以适用于一阶系统对典型输入信号的输出响应上，即对单位加速度的输出响应求导可得单位速度的输出响应，以此类推。由此可见，在研究线性定常系统的时间响应时，不必对每种输入信号形式进行测定和计算，只需要取其中一种信号形式进行研究，其他的可通过微积分计算求得。

第三节 二阶系统的性能分析

一、二阶系统的数学模型

当控制系统的数学模型为二阶微分方程时，称其为二阶系统。工程上二阶物理系统的应用十分广泛，如弹簧-质量-阻尼器机械位移系统、RLC 电路等。在一定条件下，有些高阶系统可以用二阶系统来近似表征。因此，着重研究二阶系统的特性具有较大的实际意义。

典型二阶 RLC 电路如图 3-12 所示。

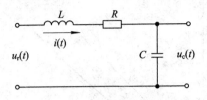

图 3-12　二阶 RLC 电路

二阶系统的数学模型为

$$LC \frac{\mathrm{d}^2 u_c(t)}{\mathrm{d}t^2} + RC \frac{\mathrm{d}u_c(t)}{\mathrm{d}t} + u_c(t) = u_r(t) \tag{3-20}$$

化成二阶系统的一般形式为

$$\frac{\mathrm{d}^2 c(t)}{\mathrm{d}t^2} + 2\xi\omega_n \frac{\mathrm{d}c(t)}{\mathrm{d}t} + \omega_n^2 c(t) = \omega_n^2 r(t) \tag{3-21}$$

式中：ω_n 为系统的自然振荡频率，单位为 rad/s；ξ 为系统的阻尼比，常系数。对应图 3-12 的 RLC 电路，有 $\omega_n = \sqrt{\dfrac{1}{LC}}$，$\xi = \dfrac{R}{2}\sqrt{\dfrac{C}{L}}$。

二阶系统的结构图见图 3-13。

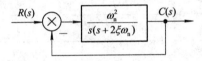

图 3-13　二阶 RLC 电路的结构图

由二阶系统结构图可得二阶系统的传递函数为

$$\Phi(s) = \frac{C(s)}{R(s)} = \frac{\omega_n^2}{s^2 + 2\xi\omega_n s + \omega_n^2} \tag{3-22}$$

二、二阶系统动态性能分析

（一）二阶系统的单位阶跃响应

设二阶系统的输入信号为单位阶跃信号 $r(t) = 1(t)$，则由式（3-22）可得

$$C(s) = \Phi(s)R(s) = \frac{\omega_n^2}{s^2 + 2\xi\omega_n s + \omega_n^2} \cdot \frac{1}{s} \tag{3-23}$$

二阶系统的输出响应可根据阻尼比 ξ 的取值范围进行讨论。

（1）$\xi < 0$，负阻尼状态。

当阻尼比 $\xi < 0$ 时，由式（3-23）可求得二阶系统的输出响应呈指数发散波形，系统是不稳定的，负阻尼状态的二阶系统无工程应用价值，在此不予详细讨论。

（2）$\xi = 0$，零阻尼状态。

当阻尼比 $\xi = 0$ 时，由式（3-23）可求得二阶系统的输出响应为 $C(t) = 1 - \cos\omega_n t$，$t \geqslant 0$，呈等幅余弦振荡波形，系统处于临界稳定状态，对应的单位阶跃响应曲线如图 3-14 所示。

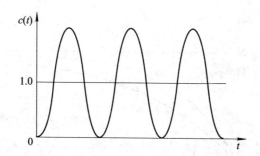

图 3-14 二阶系统零阻尼状态下单位阶跃响应曲线

（3）$0<\xi<1$，欠阻尼状态。

欠阻尼状态是二阶系统应用最为广泛的一种状态。由式（3-23）可得

$$C(s)=\Phi(s)R(s)=\frac{\omega_n^2}{s^2+2\xi\omega_n s+\omega_n^2}\cdot\frac{1}{s}$$

$$=\frac{1}{s}-\frac{s+2\xi\omega_n}{s^2+2\xi\omega_n s+\omega_n^2}=\frac{1}{s}-\frac{s+2\xi\omega_n}{(s+\xi\omega_n)^2+\omega_n^2-\xi^2\omega_n^2}$$

$$=\frac{1}{s}-\frac{s+\xi\omega_n}{(s+\xi\omega_n)^2+(\omega_n\sqrt{1-\xi^2})^2}-\frac{\xi\omega_n}{(s+\xi\omega_n)^2+(\omega_n\sqrt{1-\xi^2})^2} \quad (3-24)$$

取拉氏反变换得

$$c(t)=1-e^{-\xi\omega_n t}\cos\omega_n\sqrt{1-\xi^2}t-\frac{\xi}{\sqrt{1-\xi^2}}e^{-\xi\omega_n t}\sin\omega_n\sqrt{1-\xi^2}t,\quad t\geqslant0$$

$$=1-\frac{e^{-\xi\omega_n t}}{\sqrt{1-\xi^2}}\sin(\omega_d t+\varphi),\quad t\geqslant0 \quad (3-25)$$

式中，$\omega_d=\omega_n\sqrt{1-\xi^2}$ 称为阻尼振荡频率，$\varphi=\arccos\xi$ 称为阻尼角，响应曲线呈衰减振荡波形，如图 3-15 所示。

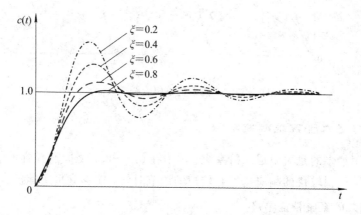

图 3-15 二阶系统欠阻尼状态下单位阶跃响应曲线

（4）$\xi=1$ 时，临界阻尼状态。

当阻尼比 $\xi=1$ 时，由式（3-23）可求得二阶系统的输出响应为 $C(t)=1-\omega_n te^{-\omega_n t}-e^{-\omega_n t}$，$t\geqslant0$，呈指数上升，无超调波形，如图 3-16 所示。

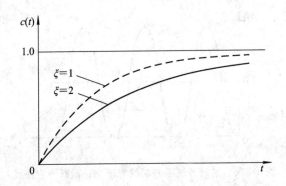

图 3-16　二阶系统临界阻尼和过阻尼状态下单位阶跃响应曲线

（5）$\xi > 1$ 时，过阻尼状态。

当阻尼比 $\xi > 1$ 时，由式（3-23）可求得二阶系统的输出响应为

$$c(t) = 1 - (\xi^2 - 2\xi\sqrt{\xi^2-1})\,\mathrm{e}^{-\omega_n(\xi-\sqrt{\xi^2-1})\,t} - (\xi^2 + 2\xi\sqrt{\xi^2-1})\,\mathrm{e}^{-\omega_n(\xi+\sqrt{\xi^2-1})\,t}, \quad t \geqslant 0$$

$$(3-26)$$

响应曲线呈指数上升，无超调波形，见图 3-16。

将上述各种情况汇总在一张图上，可以看出响应曲线随阻尼比变化的波形，如图 3-17 所示。

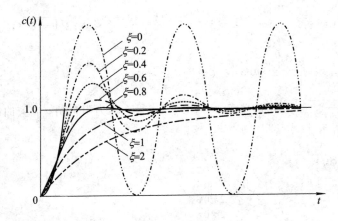

图 3-17　二阶系统单位阶跃响应曲线

（二）欠阻尼二阶系统性能指标

工程上应用最多的是欠阻尼二阶系统，因为在 $0.4 \sim 0.8$ 之间选择合理的 ξ 值时，可以在适度的阻尼下得到较快的响应速度和较短的调节时间，能够满足实际控制系统的要求。

1. 欠阻尼二阶系统特征参量

欠阻尼二阶系统特征参量之间的关系如图 3-18 所示。

图 3-18 中，s_1、s_2 是一对共轭闭环极点，衰减系数 σ 是闭环极点到虚轴的距离，阻尼振荡频率 ω_d 是闭环极点到实轴的距离，自然频率 ω_n 是闭环极点到坐标原点的距离，ω_n 与负实轴的夹角 φ 是阻尼角，且有 $\varphi = \arccos\xi$。

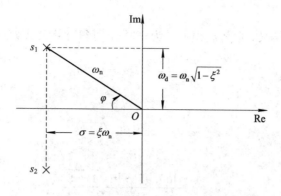

图 3-18　欠阻尼二阶系统的特征参量

2. 上升时间

对于式(3-22)的无零点二阶系统，其响应见式(3-25)。令 $c(t_r)=1$，可求得

$$\frac{e^{-\xi\omega_n t}}{\sqrt{1-\xi^2}}\sin(\omega_d t+\varphi)=0 \tag{3-27}$$

由于 $e^{-\xi\omega_n t}\neq 0$，所以有 $\sin(\omega_d t+\varphi)=0$，解得

$$t_r=\frac{\pi-\varphi}{\omega_d} \tag{3-28}$$

3. 峰值时间

将式(3-25)对 t 求导，并令其等于零，可得

$$\xi\omega_n e^{-\xi\omega_n t_p}\sin(\omega_d t_p+\varphi)-\omega_d e^{-\xi\omega_n t_p}\cos(\omega_d t_p+\varphi)=0 \tag{3-29}$$

整理得

$$\tan(\omega_d t_p+\varphi)=\frac{\sqrt{1-\xi^2}}{\xi} \tag{3-30}$$

由于 $\tan\varphi=\sqrt{1-\xi^2}/\xi$，于是上面方程的解为 $\omega_d t_p=0,\pi,2\pi,3\pi,\cdots$。根据峰值时间定义，取 $\omega_d t_p=\pi$，于是峰值时间为

$$t_p=\frac{\pi}{\omega_d} \tag{3-31}$$

4. 超调量

由于超调量发生在峰值时间上，所以将式(3-31)代入式(3-25)可得

$$c(t_p)=1-\frac{e^{-\xi\omega_n t_p}}{\sqrt{1-\xi^2}}\sin(\pi+\varphi) \tag{3-32}$$

又由于 $\sin(\pi+\varphi)=-\sqrt{1-\xi^2}$，故上式可写为 $c(t_p)=1+e^{-\pi\xi/\sqrt{1-\xi^2}}$。按超调量的定义可得

$$\sigma\%=e^{-\pi\xi/\sqrt{1-\xi^2}}\times\% \tag{3-33}$$

式(3-33)表明，超调量仅是阻尼比的函数，与其他参数无关。阻尼比越大，超调量越小，反之亦然。当选取阻尼比在 0.4~0.8 之间时，超调量介于 1.5%~25.4% 之间。

5. 调节时间

根据调节时间的定义，取系统误差带为 $\pm5\%$，可得计算公式如下：

$$\frac{e^{-\xi\omega_n t_s}}{\sqrt{1-\xi^2}}=5\%=0.05 \tag{3-34}$$

两边取自然对数得

$$-\xi\omega_n t_s=\ln 0.05\sqrt{1-\xi^2} \tag{3-35}$$

故

$$t_s=\frac{-\ln 0.05-\ln\sqrt{1-\xi^2}}{\xi\omega_n} \tag{3-36}$$

当阻尼比较小时，近似计算调节时间的公式如下：

$$t_s\approx\frac{-\ln 0.05}{\xi\omega_n}\approx\frac{3}{\xi\omega_n} \tag{3-37}$$

如果取系统误差带为 $\pm2\%$，则有

$$t_s\approx\frac{-\ln 0.02}{\xi\omega_n}\approx\frac{4}{\xi\omega_n} \tag{3-38}$$

（三）二阶系统的单位速度响应

设二阶系统的输入信号为单位速度信号 $r(t)=t$，则由式(3-22)可得

$$C(s)=\Phi(s)R(s)=\frac{\omega_n^2}{s^2+2\xi\omega_n s+\omega_n^2}\cdot\frac{1}{s^2}=\frac{1}{s^2}-\frac{\frac{2\xi}{\omega_n}}{s}+\frac{\frac{2\xi}{\omega_n}(s+\xi\omega_n)+(2\xi^2-1)}{s^2+2\xi\omega_n s+\omega_n^2} \tag{3-39}$$

对式(3-39)取拉氏反变换，可得二阶系统的单位速度响应。下面根据阻尼比 ξ 的取值范围进行讨论。

(1) $0<\xi<1$，欠阻尼状态。

欠阻尼单位速度响应可由式(3-39)取拉氏反变换求得

$$c(t)=t-\frac{2\xi}{\omega_n}+\frac{1}{\omega_d}e^{-\xi\omega_n t}\sin(\omega_d+2\varphi),\quad t\geqslant 0 \tag{3-40}$$

(2) $\xi=1$ 时，临界阻尼状态。

临界阻尼单位速度响应可将 $\xi=1$ 代入式(3-39)取拉氏反变换求得

$$c(t)=t-\frac{2}{\omega_n}+\frac{2}{\omega_n}\left(1+\frac{1}{2}\omega_n t\right)e^{-\omega_n t},\quad t\geqslant 0 \tag{3-41}$$

(3) $\xi>1$ 时，过阻尼状态。

同理可求得过阻尼单位速度响应为

$$c(t)=t-\frac{2\xi}{\omega_n}+\frac{2\xi^2-1+2\xi\sqrt{\xi^2-1}}{2\omega_n\sqrt{\xi^2-1}}e^{-(\xi-\sqrt{\xi^2-1})\omega_n t}-$$

$$\frac{2\xi^2-1-2\xi\sqrt{\xi^2-1}}{2\omega_n\sqrt{\xi^2-1}}e^{-(\xi+\sqrt{\xi^2-1})\omega_n t},\quad t\geqslant 0 \tag{3-42}$$

欠阻尼、临界阻尼和过阻尼状态的单位速度响应曲线如图 3 - 19 所示。

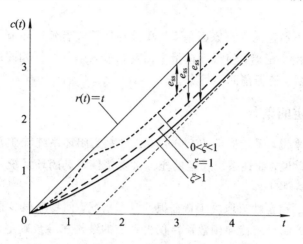

图 3 - 19　二阶系统的单位速度响应曲线

由图 3 - 19 所示可见，对于以上三种情况，在时间趋向于无穷大时，二阶系统对单位速度信号的响应输出的速度信号斜率与输入相同，但存在误差 e_{ss}，且误差随阻尼比变小而减小。

第四节　控制系统的稳定性分析

我们知道，对控制系统的基本要求是稳、准、快。其中，稳定是控制系统能正常工作的前提条件，不稳定的系统是不能完成控制任务的。

一、控制系统稳定性的概念

稳定性：控制系统在受到扰动作用使平衡状态被破坏后，经过调节能重新达到平衡状态的性能。

绝对稳定性：控制系统的稳定或者不稳定。一般由系统的稳定性判定条件来判定。

相对稳定性：控制系统的稳定程度。在时域分析法中，相对稳定性体现在控制系统的性能指标中或响应曲线上。例如，图 3 - 20(a)所示控制系统的相对稳定性要比图 3 - 20(b)所示系统的好。

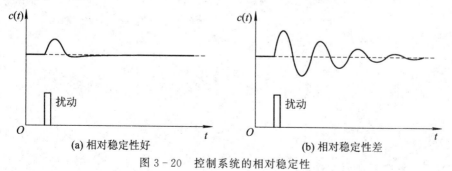

图 3 - 20　控制系统的相对稳定性

稳定性是控制系统本身固有的特性，只取决于控制系统的结构和参数，与系统的外部作用和初始条件无关。

造成控制系统不稳定的主要原因是系统中存在惯性或者延迟环节，它们使控制系统输出信号在时间上产生了延迟，使得反馈量中出现与输入信号极性相同的部分，从而出现正反馈现象，造成控制系统振荡而不稳定。

二、控制系统稳定的条件

对于线性系统来说，系统稳定的充分必要条件是其闭环系统特征方程的所有根必须具有负的实部。换句话说，线性系统稳定的充分必要条件是其闭环系统特征方程的所有根必须分布在复平面的左半平面。

由于控制系统的稳定性只取决于特征根的分布情况，而特征根又是由控制系统的闭环传递函数确定的，控制系统传递函数恰恰仅由系统的结构和参数确定，与输入信号的形式无关，从这一方面也能说明控制系统的稳定性与外部作用无关。

三、劳斯稳定判据

根据控制系统稳定性判定条件，可以直接求取其闭环系统特征方程的根，通过检查是否有正的实部来判定控制系统是否稳定。在早期的实际工程应用中，由于计算机的功能有限，因此求解特征方程的工作是很费时间的。于是控制领域的先驱者们发明了不用求解特征方程的根而判定系统是否稳定方法，如劳斯和赫尔维茨分别于 1877 年和 1895 年提出了判定系统稳定性的代数判据。尽管现在可以在计算机上使用 MATLAB 软件轻松求得系统特征值，但学习代数判据可以让我们更加深刻地理解工程设计中的稳定性计算方法。

劳斯稳定判据是工程上应用最为广泛的稳定性判据，它通过先构造劳斯表，然后判定劳斯表中的第一列是否为正或者符号变化情况，从而判定闭环系统的稳定性。

（一）劳斯表

设闭环系统的特征方程为

$$a_n s^n + a_{n-1} s^{n-1} + \cdots + a_1 s + a_0 = 0 \tag{3-43}$$

根据特征方程的各项系数，排列形成如下劳斯表：

s^n	a_n	a_{n-2}	a_{n-4}	a_{n-6}	$\cdots$
s^{n-1}	a_{n-1}	a_{n-3}	a_{n-5}	a_{n-7}	$\cdots$
s^{n-2}	b_1	b_2	b_3	b_4	$\cdots$
s^{n-3}	c_1	c_2	c_3		$\cdots$
$\vdots$					
s^2	d_1	d_2	d_3		
s^1	e_1	e_2			
s^0	f_1				

其中，各项系数按下列公式求解：

$$b_1 = \frac{a_{n-1}a_{n-2} - a_n a_{n-3}}{a_{n-1}}, \quad b_2 = \frac{a_{n-1}a_{n-4} - a_n a_{n-5}}{a_{n-1}}, \quad b_3 = \frac{a_{n-1}a_{n-6} - a_n a_{n-7}}{a_{n-1}}, \quad \cdots$$

$$c_1 = \frac{b_1 a_{n-3} - a_{n-1}b_2}{b_1}, \quad c_2 = \frac{b_1 a_{n-5} - a_{n-1}b_3}{b_1}, \quad c_3 = \frac{b_1 a_{n-7} - a_{n-1}b_4}{b_1}, \quad \cdots$$

$$\vdots$$

$$f_1 = \frac{e_1 d_2 - d_1 e_2}{e_1}$$

在各系数的计算过程中，可以将某一行中的各系数均乘以或除以一个正的常数，计算结果不影响稳定性判定。

（二）劳斯稳定判据一般情况

若闭环系统特征方程的各项系数均大于零(稳定性的必要条件)，且劳斯表中的第一列系数均为正，则系统是稳定的；否则，系统是不稳定的，且不稳定的正实部特征根个数等于劳斯表第一列系数符号改变的次数。

例 3-2　设闭环系统的特征方程为 $s^4 + 2s^3 + 3s^2 + 4s + 5 = 0$，试用劳斯稳定判据判定系统的稳定性。

解　列写劳斯表：

s^4	1	3	5
s^3	2	4	0
s^2	1	5	
s^1	-6	0	
s^0	5		

可以看出，劳斯表中的第一列不全为正，且符号变化两次，因此系统不稳定且有两个正实部的特征根。

例 3-3　某位置随动系统结构图如图 3-21 所示，试利用劳斯稳定判据确定系统稳定时的 K 值。

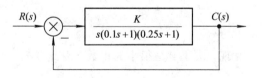

图 3-21　位置随动系统结构图

解　(1) 求取闭环系统的特征方程：

$$G(s) = \frac{K}{s(0.1s+1)(0.25s+1)}$$

$$\Phi(s) = \frac{G(s)}{1+G(s)} = \frac{K}{0.025s^3 + 0.35s^2 + s + K}$$

闭环系统的特征方程为

$$0.025s^3 + 0.35s^2 + s + K = 0$$

（2）列写劳斯表：

s^3	0.025	1
s^2	0.35	K
s^1	$\dfrac{0.35-0.025K}{0.35}$	0
s^0	K	

由劳斯稳定判据可知，闭环系统稳定要求劳斯表第一列必须大于零，于是得到如下不等式：

$$\begin{cases} K > 0 \\ \dfrac{0.35 - 0.025K}{0.35} > 0 \end{cases}$$

解得 $0 < K < 14$。

（三）劳斯稳定判据特殊情况

（1）劳斯表中某行的第一列系数为零，而其余各项不为零或不全为零。

若劳斯表中某行的第一列系数出现零后，则计算该行下一个系数时会出现无穷大的情况。处理方法是将这个零用一个很小的正数 ε 代替，从而可以继续计算下去。

例 3-4 已知某闭环系统的特征方程为 $s^4 + 3s^3 + s^2 + 3s + 1 = 0$，试用劳斯稳定判据判定系统的稳定性。

解 列写劳斯表：

s^4	1	1	1
s^3	3	3	0
s^2	ε	1	
s^1	$3-\dfrac{3}{\varepsilon}$	0	
s^0	1		

观察劳斯表的第一列发现，由于 ε 是很小的正数，因此 $3-\dfrac{3}{\varepsilon} < 0$，进而知第一列符号变化两次，可见系统不稳定且有两个正实部的特征根。

（2）劳斯表中出现全零行。

劳斯表中出现全零行这种情况表明特征方程中存在大小相等、符号相反的特征根。此时，可用全零行上一行的系数构造一个辅助方程 $F(s) = 0$，并将辅助方程对 s 求导，用所得导数方程的系数取代全零行，这样便可以继续计算下去，直至得到完整的劳斯表。

例 3-5 某闭环系统的特征方程为 $s^5 + 3s^4 + 12s^3 + 24s^2 + 32s + 48 = 0$，试用劳斯稳定判据判定系统的稳定性。

解 列写劳斯表：

s^5	1	12	32
s^4	3	24	48
s^3	4	16	
s^2	12	48	
s^1	0	0	
s^0	×		

列写劳斯表并计算到 s^1 行时，出现全零系数行，无法继续计算下去。处理方法是用全零行的上一行的系数构造一个辅助方程 $F(s)=0$，即 $F(s)=12s^2+48=0$，将辅助方程对 s 求导得

$$F(s)=24s=0$$

用系数 24 代替全零行继续计算，可得完整的劳斯表如下：

s^5	1	12	32
s^4	3	24	48
s^3	4	16	
s^2	12	48	
s^1	24	0	
s^0	48		

由劳斯表可知，第一行系数均大于零，该系统在右半平面上没有特征根，但由于出现全零的行，表明特征方程中存在大小相等、符号相反的特征根。由辅助方程 $F(s)=12s^2+48=0$ 可求得特征根为 $\pm j2$，显然系统处于临界稳定状态。

（3）闭环系统特征方程的各项系数不全为正数。

当闭环系统的特征方程出现系数不全为正数的情况时，说明该系统不符合特征方程式的各项系数均大于零的必要条件，属于不稳定系统。

第五节 控制系统的稳态误差

控制系统的时域性能指标分为动态和稳态性能指标。动态性能指标主要有上升时间、峰值时间、调节时间和超调量，稳态性能指标主要是稳态误差。

一、误差与稳态误差

误差一般被定义为输入信号与反馈信号之差。典型控制系统结构图如图 3-22 所示。

系统误差被定义为 $E(s)=R(s)-C(s)H(s)$。当系统为单位负反馈时，误差为期望值与实际值之差，即 $E(s)=R(s)-C(s)$，写成时域表达式为：$e(t)=r(t)-c(t)$。当时间 t

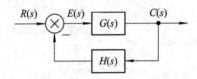

图 3-22　典型控制系统结构图

趋于无穷大时，误差 $e(t)$ 的极限值即为稳态误差，用 e_{ss} 表示，$e_{ss} = \lim\limits_{t \to \infty} e(t)$。

稳态误差是反映系统控制精度的指标。

二、稳态误差的计算

稳态误差有两种计算方法，一是按照上述定义求取，二是利用拉氏变换的终值定理计算，计算公式为

$$e_{ss} = \lim\limits_{s \to 0} sE(s) \tag{3-44}$$

当控制系统有多种输入信号时，根据线性系统的叠加原理，可以分别求取不同输入信号下的系统稳定误差，然后相加得到控制系统总的稳态误差。

系统的开环传递函数的一般表达式为

$$G(s)H(s) = \frac{K \prod\limits_{i=1}^{m}(1 + T_i s)}{s^v \prod\limits_{j=1}^{n-v}(1 + T_j s)}, \quad n \geqslant m \tag{3-45}$$

式中：v 是系统的积分环节个数，工程上称为系统的型别；K 是系统前向通道放大倍数。

（一）输入阶跃信号

设 $r(t) = R \cdot 1(t)$，R 为常数，表示阶跃信号的幅度，则有 $R(s) = \dfrac{R}{s}$，由终值定理可得

$$e_{ss} = \lim\limits_{s \to 0} sE(s) = \lim\limits_{s \to 0} s\Phi_e(s)R(s) = \lim\limits_{s \to 0} s\,\frac{1}{1 + G(s)H(s)} \cdot \frac{R}{s}$$

$$= \lim\limits_{s \to 0} \frac{R}{1 + G(s)H(s)} = \frac{R}{1 + K_p} \tag{3-46}$$

式中，$K_p = \lim\limits_{s \to 0} G(s)H(s) = \lim\limits_{s \to 0} \dfrac{K}{s^v}$，称为静态位置误差系数。

当 $v = 0$ 时，系统为 0 型，$K_p = \lim\limits_{s \to 0} \dfrac{K}{s^0} = K$，$e_{ss} = \dfrac{R}{1 + K_p} = \dfrac{R}{1 + K}$，系统为有差的；

当 $v = 1$ 时，系统为 I 型，$K_p = \lim\limits_{s \to 0} \dfrac{K}{s^1} = \infty$，$e_{ss} = \dfrac{R}{1 + K_p} = 0$，系统为无差的；

当 $v = 2$ 时，系统为 II 型，$K_p = \lim\limits_{s \to 0} \dfrac{K}{s^2} = \infty$，$e_{ss} = \dfrac{R}{1 + K_p} = 0$，系统为无差的。

由此可见，0 型系统对输入阶跃信号的响应存在误差，增大开环放大倍数 K，可减小系统的稳态误差。若要求系统的稳态误差为零，则系统至少要有一个积分环节。

（二）输入速度信号

设 $r(t)=V \cdot t \cdot 1(t)$，$V$ 为常数，表示速度系数，则有 $R(s)=\dfrac{V}{s^2}$，由终值定理可得

$$e_{ss}=\lim_{s\to 0}sE(s)=\lim_{s\to 0}s\Phi_e(s)R(s)=\lim_{s\to 0}s\,\frac{1}{1+G(s)H(s)}\frac{V}{s^2}$$

$$=\lim_{s\to 0}\frac{V}{sG(s)H(s)}=\frac{V}{K_v} \qquad (3-47)$$

式中，$K_v=\lim_{s\to 0}sG(s)H(s)=\lim_{s\to 0}\dfrac{K}{s^{v-1}}$，称为静态速度误差系数。

当 $v=0$ 时，系统为 0 型，$K_v=\lim_{s\to 0}\dfrac{K}{s^{-1}}=0$，$e_{ss}=\dfrac{V}{K_v}=\infty$，系统误差为无穷大；

当 $v=1$ 时，系统为 Ⅰ 型，$K_v=\lim_{s\to 0}\dfrac{K}{s^0}=K$，$e_{ss}=\dfrac{V}{K_v}=\dfrac{V}{K}$，系统为有差的；

当 $v=2$ 时，系统为 Ⅱ 型，$K_v=\lim_{s\to 0}\dfrac{K}{s^1}=\infty$，$e_{ss}=\dfrac{V}{K_v}=0$，系统为无差的。

由此可见，0 型系统不能正常跟踪输入速度信号。Ⅰ 型系统可以跟踪速度信号，但存在稳态误差，增大开环放大倍数 K，可减小系统的稳态误差。Ⅱ 型系统跟踪速度信号时没有稳态误差，可见若要求系统的稳态误差为零，则系统至少要有两个积分环节。

（三）输入加速度信号

设 $r(t)=\dfrac{1}{2}A \cdot t^2 \cdot 1(t)$，$A$ 为常数，表示加速度系数，有 $R(s)=\dfrac{A}{s^3}$，由终值定理可得

$$e_{ss}=\lim_{s\to 0}sE(s)=\lim_{s\to 0}s\Phi_e(s)R(s)=\lim_{s\to 0}s\,\frac{1}{1+G(s)H(s)}\cdot\frac{A}{s^3}$$

$$=\lim_{s\to 0}\frac{A}{s^2G(s)H(s)}=\frac{A}{K_a} \qquad (3-48)$$

式中，$K_a=\lim_{s\to 0}s^2G(s)H(s)=\lim_{s\to 0}\dfrac{K}{s^{v-2}}$，称为静态加速度误差系数。

当 $v=0$ 时，系统为 0 型，$K_a=\lim_{s\to 0}\dfrac{K}{s^{-2}}=0$，$e_{ss}=\dfrac{A}{K_a}=\infty$，系统误差为无穷大；

当 $v=1$ 时，系统为 Ⅰ 型，$K_a=\lim_{s\to 0}\dfrac{K}{s^{-1}}=0$，$e_{ss}=\dfrac{A}{K_a}=\infty$，系统误差为无穷大；

当 $v=2$ 时，系统为 Ⅱ 型，$K_a=\lim_{s\to 0}\dfrac{K}{s^0}=K$，$e_{ss}=\dfrac{R}{K_a}=\dfrac{R}{K}$，系统为有差的。

由此可见，0 型和 Ⅰ 型系统都不能正常跟踪输入加速度信号。Ⅱ 型系统可以跟踪加速度信号，但存在稳态误差，增大开环放大倍数 K，可减小系统的稳态误差。可见若要求系统的稳态误差为零，则系统至少要有 3 个积分环节。

各种输入信号作用下的稳态误差见表 3-2。

表 3 - 2   输入信号作用下的稳态误差

系统	静态误差系数			阶跃输入 $r(t)=R1(t)$	速度输入 $r(t)=Vt$	加速度输入 $r(t)=\frac{1}{2}At^2$
	K_p	K_v	K_a	位置误差 $e_{ss}=\dfrac{R}{1+K_p}$	速度误差 $e_{ss}=\dfrac{V}{K_v}$	加速度误差 $e_{ss}=\dfrac{A}{K_a}$
0 型	K	0	0	$e_{ss}=\dfrac{R}{1+K}$	∞	∞
I 型	∞	K	0	0	$e_{ss}=\dfrac{V}{K}$	∞
II 型	∞	∞	K	0	0	$e_{ss}=\dfrac{A}{K}$
III 型	∞	∞	∞	0	0	0

例 3 - 6   具有测速发动机内反馈的位置随动系统结构图如图 3 - 23 所示。试计算输入单位阶跃信号、输入单位速度信号和输入单位加速度信号时的系统稳态误差。

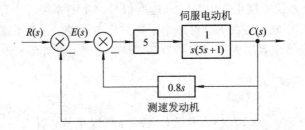

图 3 - 23   例 3 - 6 位置随动系统结构图

解   系统的开环传递函数为

$$G(s)=\frac{\dfrac{5}{s(5s+1)}}{1+\dfrac{5}{s(5s+1)}\cdot 0.8s}=\frac{5}{5s(s+1)}=\frac{1}{s(s+1)}$$

可见系统为 I 型系统，$K=1$，对照表 3 - 2，有 $K_p=\infty$，$K_v=1$，$K_a=0$，因此当输入分别为 $1(t)$、t 和 $0.5t^2$ 时，相应的稳态误差为 0、1 和 ∞。

例 3 - 7   已知某单位负反馈系统的开环传递函数为

$$G(s)=\frac{20(s+2)}{s(s+4)(s+5)}$$

当输入信号为 $r(t)=2+2t+t^2$ 时，求系统的稳态误差。

解   系统为 I 型系统，因此有 $K_p=\infty$，$K_v=2$，$K_a=0$，根据线性系统的叠加定理，可求得系统的总误差为各个信号单独作用下的误差之和，所求稳态误差为

$$e_{ss}=\frac{2}{1+K_p}+\frac{2}{K_v}+\frac{2}{K_a}=\frac{2}{1+\infty}+\frac{2}{2}+\frac{2}{0}=0+1+\infty=\infty$$

表明该系统不能跟踪所给定的复合信号。

（四）扰动信号作用下的稳态误差

有干扰作用的控制系统结构图见图 3-24。

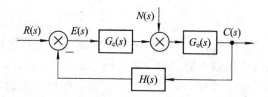

图 3-24 有干扰作用的控制系统结构图

根据线性系统的叠加定理，扰动信号作用下的误差就是在输入信号为零时，或者说是在扰动信号单独作用下的系统输出误差。因此由公式(2-52)可得

$$E_n(s) = -\frac{G_o(s)H(s)}{1+G_c(s)G_o(s)H(s)}N(s) \tag{3-49}$$

例 3-8 某受扰控制系统结构图如图 3-25 所示。设输入信号 $r(t)=2t$，扰动信号 $n(t)=0.5 \cdot 1(t)$，试求系统的稳态误差。

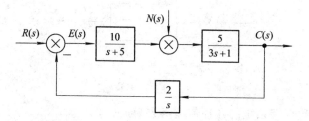

图 3-25 受抗控制位置随动系统结构图

解 系统的总稳态误差为信号和干扰分别作用时的稳态误差之和，即 $e_{ss}=e_{ssr}+e_{ssn}$。信号单独作用时稳态误差为

$$e_{ssr}=\lim_{s\to 0}sE_r(s)=\lim_{s\to 0}s\Phi_r(s)R(s)$$

$$=\lim_{s\to 0}s\frac{1}{1+G_c(s)G_o(s)H(s)}R(s)=\lim_{s\to 0}s\frac{1}{1+\dfrac{100}{s(s+5)(3s+1)}}\cdot\frac{2}{s^2}$$

$$=\lim_{s\to 0}\frac{s(s+5)(3s+1)}{s(s+5)(3s+1)+100}\cdot\frac{2}{s}=\lim_{s\to 0}\frac{2(s+5)(3s+1)}{s(s+5)(3s+1)+100}=0.1$$

干扰单独作用时稳态误差为

$$e_{ssn}=\lim_{s\to 0}sE_n(s)=\lim_{s\to 0}s\Phi_n(s)N(s)=\lim_{s\to 0}\frac{-sG_c(s)H(s)}{1+G_c(s)G_o(s)H(s)}N(s)$$

$$=-\lim_{s\to 0}\frac{s\dfrac{10}{s(3s+1)}}{1+\dfrac{100}{s(s+5)(3s+1)}}\cdot\frac{0.5}{s}=-\lim_{s\to 0}\frac{5(s+5)}{s(s+5)(3s+1)+100}=-0.25$$

所以

$$e_{ss}=e_{ssr}+e_{ssn}=0.1-0.25=-0.15$$

通过本例可以看出，稳态误差既与系统的结构和参数有关，也与外部的作用有关。

习 题 3

3-1 时域分析法中，典型输入信号有哪几种？时域指标参数有哪些？

3-2 二阶控制系统要想兼顾稳、准、快三个方面的性能指标，一般工作在什么状态？

3-3 线性控制系统稳定的充分必要条件是什么？使用劳斯稳定判据能否得到特征根的精确值？

3-4 何为控制系统的稳态误差？影响控制系统稳态误差的因素主要有哪些？

3-5 什么是控制系统的型别？系统型别增加会影响控制系统的哪一方面的性能？

3-6 已知一阶系统的单位阶跃响应为 $c(t) = 1 - e^{-5t}$，取系统误差带为稳态值的 $\pm 5\%$，求系统的调节时间。

3-7 某二阶系统结构图见图 3-26，其中 $\xi = 0.5$，$\omega_n = 4$ rad/s。当输入信号为单位阶跃信号时，试求系统的动态响应指标。

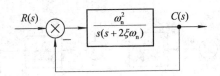

图 3-26 某二阶系统结构图

3-8 设单位负反馈系统的开环传递函数为

$$G(s) = \frac{0.4s + 1}{s(s + 0.6)}$$

试求系统在单位阶跃作用下的动态性能。

3-9 控制系统结构图见图 3-27，若要求系统具有超调量为 20%、峰值时间为 1 s 的性能指标，试确定系统参数 K 和 τ，并计算单位阶跃响应的上升时间和调节时间。

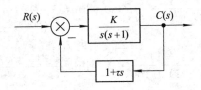

图 3-27 控制系统结构图

3-10 闭环系统的特征方程如下，试用劳斯稳定判据判定系统的稳定性。

(1) $s^3 + 20s^2 + 9s + 100 = 0$；

(2) $s^4 + 2s^3 + 8s^2 + 4s + 3 = 0$；

(3) $3s^4 + 10s^3 + 5s^2 + s + 2 = 0$；

(4) $s^5 + 12s^4 + 44s^3 + 48s^2 + 5s + 1 = 0$。

3-11 垂直起飞飞机高度控制系统结构图见图 3-28，要求：

(1) 当 $K = 1$ 时，判断系统是否稳定；

（2）确定使系统稳定的 K 的取值范围。

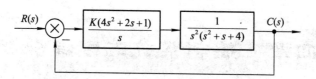

图 3-28 垂直起飞飞机高度控制系统结构图

3-12 某导弹自动驾驶仪稳定控制系统简化后如图 3-29 所示，若输入信号为 $r(t)=t$，扰动信号为 $n(t)=1(t)$，试求稳定控制系统的稳态误差。

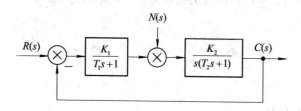

图 3-29 稳定控制系统结构图

第四章 控制系统的频域分析法

本章主要介绍控制系统的频域分析法，包括频率特性的基本概念、典型环节的频率特性及其曲线绘制、开环频率特性曲线的绘制方法、频率域稳定判据和稳定裕度等内容。

第一节 频 率 特 性

一、频率特性的基本概念

(1) 频率特性是控制系统对不同频率正弦输入信号的响应特性，也称频率响应。

设控制系统的传递函数为 $G(s)$，控制系统频率特性示意图见图 4 - 1。

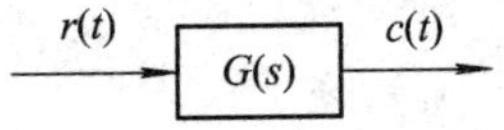

$$r(t) \longrightarrow \boxed{G(s)} \longrightarrow c(t)$$

图 4 - 1 控制系统频率特性示意图

在控制系统的输入端施加正弦输入信号 $r(t) = A\sin\omega t$，则其输出响应为 $c(t) = A \cdot A(\omega)\sin(\omega t + \varphi(\omega))$，即输出响应信号的频率不变，但幅值增加了 $A(\omega)$ 倍，相位超前了角度 $\varphi(\omega)$，控制系统频率响应曲线如图 4 - 2 所示(图中对应的是 $\varphi(\omega)$ 取负值的情况，这时的响应曲线相位延迟了 $|\varphi(\omega)|$)。

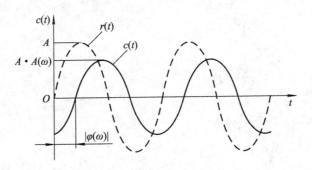

图 4 - 2 控制系统频率响应曲线

(2) 幅值频率特性：控制系统的稳态输出量与输入量幅值之比，即 $A(\omega) = |G(j\omega)|$。

(3) 相位频率特性：控制系统的输出量与输入量的相位差，即 $\varphi(\omega) = \angle|G(j\omega)|$。

(4) 幅相频率特性：将幅值频率特性和相位频率特性两者写在一起，并用复数表示即为系统的幅相频率特性，也称频率特性。可用下面三种形式表示：

① $G(j\omega)=A(\omega)e^{j\varphi(\omega)}$，指数表示方式，其中 $A(\omega)$ 为幅频特性，为 $\varphi(\omega)$ 相频特性。

② $G(j\omega)=|G(j\omega)|\angle G(j\omega)$，极坐标表示方式，$|G(j\omega)|$ 为模值（极径），$\angle|G(j\omega)|$ 为相角（极角）。

③ $G(j\omega)=U(\omega)+jV(\omega)$，直角坐标表示方式，$U(\omega)$ 为实频特性，$V(\omega)$ 为虚频特性。

上述表达式之间的关系为

$$A(\omega)=|G(j\omega)|=\sqrt{U^2(\omega)+V^2(\omega)} \tag{4-1}$$

$$\varphi(\omega)=\angle G(j\omega)=\arctan\frac{V(\omega)}{U(\omega)} \tag{4-2}$$

频率特性参数在复平面上的关系如图 4-3 所示。

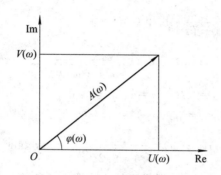

图 4-3　频率特性参数在复平面上的关系

二、由传递函数求频率特性

控制系统的频率特性与传递函数之间存在确切的对应关系。将传递函数中的复变量 s 用纯虚数 $j\omega$ 代替，就可得到频率特性，即

$$G(j\omega)=G(s)\big|_{s=j\omega} \tag{4-3}$$

例 4-1　已知某温度控制系统的传递函数为 $G(s)=\dfrac{1}{1+Ts}$，求其频率特性。

解　令 $s=j\omega$，则频率特性为

$$G(j\omega)=\frac{1}{1+j\omega T}=\frac{1}{1+\omega^2T^2}-j\frac{\omega T}{1+\omega^2T^2}$$

$$=\frac{1}{\sqrt{1+\omega^2T^2}}e^{-j\arctan\omega T}$$

其中，幅频特性为

$$A(\omega)=|G(j\omega)|=\frac{1}{\sqrt{1+\omega^2T^2}}$$

相频特性为

$$\varphi(\omega)=\angle G(j\omega)=-\arctan\omega T$$

关于控制系统频率特性的几点说明如下：

(1) 频率特性和微分方程及传递函数一样，也是系统的数学模型。

(2) 可以根据开环系统的频率特性分析闭环系统的性能。

（3）频率特性可以通过实验的方法测得。

（4）频率特性可以用图形方式表示，使得分析系统更直观。

三、频率特性的图形表示方法

（一）奈奎斯特图

在复平面上绘制的幅相频率特性曲线，称为奈奎斯特图或极坐标图。

绘制方法：以 ω 为变量，计算当 ω 从 0 趋于 ∞ 时对应的每一个 $A(\omega)$ 和 $\varphi(\omega)$，并将它们同时绘制在一个复平面上。

考虑惯性环节 $G(s) = \dfrac{1}{1+Ts}$，其频率特性为

$$G(j\omega) = A(\omega)\angle\varphi(\omega) = \frac{1}{\sqrt{1+\omega^2 T^2}}\angle -\arctan\omega T \qquad (4-4)$$

确定起点：$\omega = 0$，$A(0) = |G(j0)| = 1$，$\varphi(0) = 0°$。

确定终点：$\omega = \infty$，$A(\infty) = |G(j\infty)| = 0$，$\varphi(\infty) = -180°$。

当 $T = 0.5$ 时，有 $A(\omega)\angle\varphi(\omega) = \dfrac{1}{\sqrt{1+0.25\omega^2}}\angle -\arctan 0.5\omega$，选取适当的 ω 值，分别计算 $A(\omega)$ 和 $\varphi(\omega)$（见表 4-1），可概略地绘出惯性环节的奈奎斯特图（见图 4-4）。

表 4-1　惯性环节幅相频率特性表

ω	0	0.25	0.5	1	2	4	8	20	50	200
$A(\omega)$	1.00	0.97	0.94	0.89	0.71	0.45	0.24	0.10	0.04	0.01
$\varphi(\omega)/°$	0.00	-7.12	-14.05	-26.56	-45.00	-63.44	-75.96	-84.29	87.71	89.43

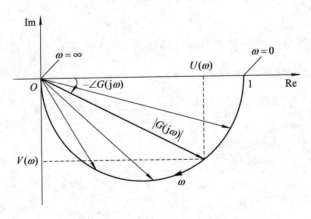

图 4-4　惯性环节的奈奎斯特图

（二）伯德图

在对数坐标上分别绘制的对数幅频特性和相频特性曲线称为伯德图或对数坐标图。

对数幅频特性定义：$L(\omega)=20\lg|G(j\omega)|$，单位为分贝（dB）。

对数相频特性定义：$\varphi(\omega)=\angle|G(j\omega)|$，单位为度（°）。

绘制方法：以 ω 为变量，计算当 ω 从 $0\to\infty$ 时对应的每一个 $L(\omega)$ 和 $\varphi(\omega)$，并将它们分别绘制在两个对数坐标上。

考虑惯性环节 $G(s)=\dfrac{1}{1+Ts}$，其对数幅频特性为

$$L(\omega)=20\lg|G(j\omega)|=-20\lg\sqrt{1+\omega^2T^2} \tag{4-5}$$

相频特性为

$$\varphi(\omega)=\angle G(j\omega)=-\arctan\omega T \tag{4-6}$$

在惯性环节的高频段和低频段，可用渐近线代替对数幅频特性曲线。

当 $\omega\ll\dfrac{1}{T}$ 时，有 $L(\omega)=-20\lg\sqrt{1+\omega^2T^2}\approx0$，幅频特性曲线为一条水平线段，称为低频段渐近线。

当 $\omega\gg\dfrac{1}{T}$ 时，有 $L(\omega)=-20\lg\sqrt{1+\omega^2T^2}\approx-20\lg\omega T$，幅频特性曲线是斜率为 -20 dB/dec 的斜线，称为高频段渐近线。其中 $\omega=\dfrac{1}{T}$ 为低频渐近线和高频渐近线的交接频率。

当 $T=0.5$ 时，交接频率 $\omega=2$，这时惯性环节的伯德图见图 4-5。

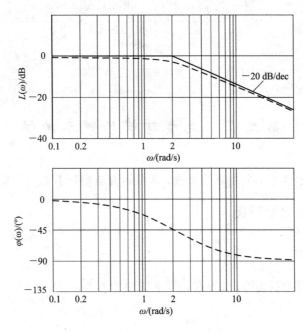

图 4-5 惯性环节的伯德图

使用对数坐标图有以下优点：

（1）可以展宽频带。对数坐标图中频率是以 10 倍频表示的，因此可以清楚地表示出低频、中频和高频段的幅频和相频特性。

（2）可以将乘法运算转化为加法运算。对数坐标图中所有典型环节的频率特性都可以

用分段直线(渐近线)近似表示。

(3)对数坐标图中对实验所得的频率特性用对数坐标表示，并用分段直线近似的方法，可以很容易写出它的频率特性表达式。

（三）尼科尔斯图

将对数幅频特性和相频特性两条曲线合并成一条曲线，称为尼科尔斯图或对数幅相曲线。

尼科尔斯图横坐标为相频特性，单位为度或弧度；纵坐标为对数幅频特性，单位为分贝。横、纵坐标都是线性分度，频率 ω 为参变量。

以惯性环节为例，$G(s)=\dfrac{1}{1+Ts}$，当 $T=0.5$ 时，尼科尔斯图见图 4-6。

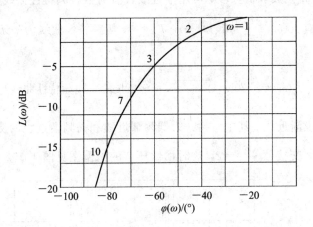

图 4-6　惯性环节的尼科尔斯图

第二节　典型环节的频率特性

控制系统一般由若干个典型环节组成，本节研究典型环节的频率特性。

一、典型环节的奈奎斯特图

（一）比例环节

比例环节的传递函数为 $G(s)=K$，频率特性为 $G(\mathrm{j}\omega)=K=K\mathrm{e}^{\mathrm{j}0}$，其幅相曲线如图 4-7 所示。

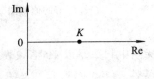

图 4-7　比例环节的奈奎斯特图

（二）积分环节和微分环节

积分环节和微分环节的传递函数分别为 $G(s)=\dfrac{1}{s}$ 和 $G(s)=s$，频率特性分别为 $G(j\omega)=\dfrac{1}{j\omega}=\dfrac{1}{\omega}e^{-j90°}$ 和 $G(j\omega)=j\omega=\omega e^{j90°}$，它们的幅相曲线如图 4-8 所示。

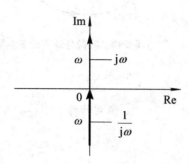

图 4-8　积分和微分环节的奈奎斯特图

（三）惯性环节和一阶微分环节

惯性环节和一阶微分环节的传递函数分别为 $G(s)=\dfrac{1}{1+Ts}$ 和 $G(s)=1+Ts$，频率特性分别为 $G(j\omega)=\dfrac{1}{\sqrt{1+\omega^2T^2}}e^{-j\arctan\omega T}$ 和 $G(j\omega)=\sqrt{1+\omega^2T^2}\,e^{j\arctan\omega T}$，它们的幅相曲线如图 4-9 所示。

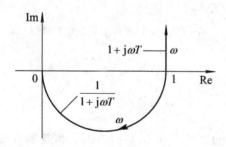

图 4-9　惯性和一阶微分环节的奈奎斯特图

（四）振荡环节和二阶微分环节

振荡环节和二阶微分环节的传递函数分别为 $G(s)=\dfrac{1}{1+2\xi Ts+T^2s^2}$ 和 $G(s)=1+2\xi Ts+T^2s^2$，频率特性分别为 $G(j\omega)=\dfrac{1}{\sqrt{(1-\omega^2T^2)^2+4\xi^2\omega^2T^2}}e^{-j\arctan\frac{2\xi\omega T}{1-\omega^2T^2}}$ 和 $G(j\omega)=\sqrt{(1-\omega^2T^2)^2+4\xi^2\omega^2T^2}\,e^{j\arctan\frac{2\xi\omega T}{1-\omega^2T^2}}$，它们的幅相曲线如图 4-10 所示。

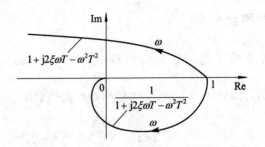

图 4 - 10　振荡环节和二阶微分环节的奈奎斯特图

（五）延迟环节

延迟环节的传递函数为 $G(s) = \mathrm{e}^{-\tau s}$，频率特性为 $G(\mathrm{j}\omega) = \mathrm{e}^{-\mathrm{j}\omega\tau}$，其幅相曲线如图 4 - 11 所示。

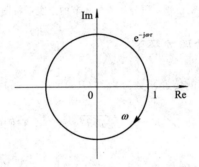

图 4 - 11　延迟环节的奈奎斯特图

二、典型环节的伯德图

（一）比例环节

比例环节 K 的对数幅频特性为 $L(\omega) = 20\lg K$，相频特性 $\varphi(\omega) = 0°$。其伯德图见图 4 - 12。

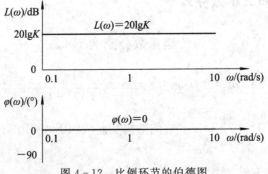

图 4 - 12　比例环节的伯德图

（二）积分环节和微分环节

积分环节 $\dfrac{1}{s}$ 和微分环节 s 的对数幅频特性分别为 $L(\omega)=-20\lg\omega$ 和 $L(\omega)=20\lg\omega$，相频特性 $\varphi(\omega)=-90°$ 和 $\varphi(\omega)=90°$。它们的伯德图见图 4-13。

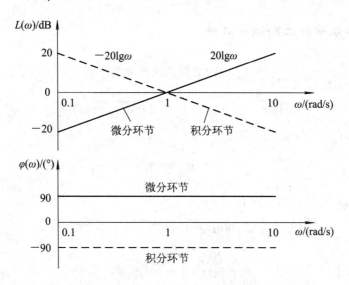

图 4-13　积分和微分环节的伯德图

（三）惯性环节和一阶微分环节

惯性环节 $\dfrac{1}{1+Ts}$ 和一阶微分环节 $1+Ts$ 的对数幅频特性分别为 $L(\omega)=-20\lg\sqrt{1+\omega^2T^2}$ 和 $L(\omega)=20\lg\sqrt{1+\omega^2T^2}$，相频特性分别为 $\varphi(\omega)=-\arctan\omega T$ 和 $\varphi(\omega)=\arctan\omega T$。它们的伯德图见图 4-14。

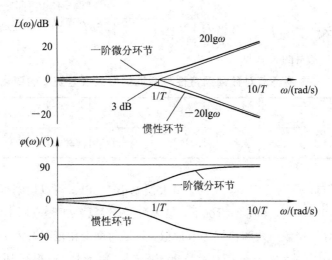

图 4-14　惯性环节和一阶微分环节的伯德图

由图 4-14 中可以看到，惯性环节的对数幅频曲线与渐近线的最大误差发生在交接频率 $\omega=1/T$ 处，这时，

$$L\left(\omega=\frac{1}{T}\right)=-20\lg\sqrt{1+\frac{1}{T^2}T^2}=-20\lg\sqrt{2}\approx-3$$

最大误差值为 3 dB。

（四）振荡环节和二阶微分环节

振荡环节 $G(s)=\dfrac{1}{1+2\xi Ts+T^2s^2}$ 的对数幅频特性为

$$L(\omega)=-20\lg\sqrt{(1-\omega^2T^2)^2+(2\xi\omega T)^2}$$

相频特性为

$$\varphi(\omega)=-\arctan\frac{2\xi\omega T}{\sqrt{1-\omega^2T^2}}$$

考虑对数幅频特性的渐近线有

$$L(\omega)=-20\lg\sqrt{[1-(T\omega)^2]^2+(2\zeta T\omega)^2}$$

$$=\begin{cases}0, & 0<\omega<\omega_n=\dfrac{1}{T}\\ -40\lg T\omega, & \omega\geqslant\omega_n=\dfrac{1}{T}\end{cases} \tag{4-7}$$

其伯德图有如下特点：

（1）振荡环节的低频段和高频段的渐近线与惯性环节相似，但高频渐近线的斜率增加了一倍为 40 dB/dec，$L(0)=0$。

（2）振荡环节的对数幅频特性曲线与渐近线的最大误差也发生在交接频率 $\omega=1/T$ 处，此时

$$L\left(\omega=\frac{1}{T}\right)=-20\lg\sqrt{(1-\omega^2T^2)^2+(2\xi\omega T)^2}=-20\lg 2\xi$$

最大误差与 ξ 之间的关系见表 4-2。

表 4-2 振荡环节对数幅频特性与渐近线最大误差随 ξ 的变化关系表

ξ	0.1	0.2	0.3	0.4	0.5	0.6	0.7	0.8	0.9	1.0
最大误差	14.0	7.96	4.44	1.94	0	-1.58	-2.92	-4.08	-5.11	-6.02

由表 4-2 可知，在 $0.4<\xi<0.7$ 时，最大误差小于 3dB，可以用渐近线代替对数幅频特性曲线。在 $\xi<0.4$ 和 $\xi>0.7$ 的情况下，最大误差较大，在工程应用中需要进行修正。

振荡环节的对数相频曲线和惯性环节近似，只是角度变化范围增大了一倍，从 $0°\sim90°$ 增加到 $0°\sim180°$。$\varphi(0)=0$，$\varphi(1/T)=-90°$，$\varphi(\infty)=-180°$。振荡环节的伯德图见图 4-15。

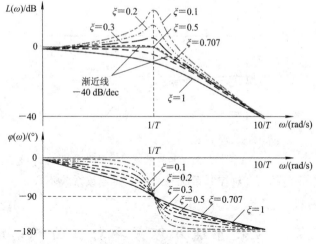

图 4-15 振荡环节的伯德图

二阶微分环节 $1+2\xi Ts+T^2s^2$ 的对数幅频特性为

$$L(\omega)=20\lg\sqrt{(1-\omega^2T^2)^2+(2\xi\omega T)^2}$$

相频特性为

$$\varphi(\omega)=\arctan\frac{2\xi\omega T}{\sqrt{1-\omega^2T^2}}$$

二阶微分环节的对数幅频特性和相频特性曲线与振荡环节对于横坐标轴 ω 对称，其伯德图见图 4-16。

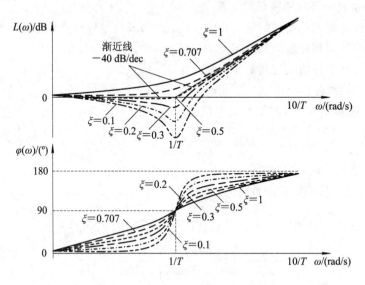

图 4-16 二阶微分环节的伯德图

（五）延迟环节

延迟环节 $G(s)=\mathrm{e}^{-\tau s}$ 的对数幅频特性为 $L(\omega)=20\lg|\mathrm{e}^{-\mathrm{j}\omega\tau}|=20\lg1=0$，相频特性为 $\varphi(\omega)=-\tau\omega$，其伯德图见图 4-17。

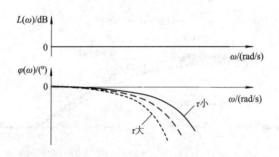

图 4-17　延迟环节的伯德图

延迟环节的滞后角越大，对控制系统越不利，会导致系统不稳定。

第三节　控制系统开环频率特性曲线的绘制

通过绘制控制系统开环频率特性曲线，根据曲线的形状，可以判定闭环系统的稳定性。利用 MATLAB 程序可以快速精确地绘制出控制系统开环频率特性曲线，但在早期的工程应用中，通过手工概略绘制控制系统开环频率特性曲线，也能达到判断闭环系统是否稳定的目的。

一、控制系统开环幅相曲线的绘制

绘制控制系统开环幅相曲线的步骤：
(1) 通过计算得到控制系统频率特性表达式，写成极坐标和直角坐标两种表达式；
(2) 确定开环幅相曲线的起点($\omega=0$)、终点($\omega=\infty$)；
(3) 确定开环幅相曲线与实轴和虚轴的交点；
(4) 按幅相曲线随频率增加的变化趋势连接成图。

例 4-2　已知某 0 型单位负反馈系统为

$$G(s) = \frac{1}{(1+2s)(1+5s)}$$

试概略绘制系统开环幅相曲线。

解　令 $s=j\omega$，则系统频率特性为

$$
\begin{aligned}
G(j\omega) &= \frac{1}{(1+j2\omega)(1+j5\omega)} = \frac{1}{(1-10\omega^2+j7\omega)} \\
&= \frac{(1-10\omega^2-j7\omega)}{(1-10\omega^2+j7\omega)(1-10\omega^2-j7\omega)} \\
&= \frac{1-10\omega^2-j7\omega}{(1-10\omega^2)^2+49\omega^2} = \frac{1-10\omega^2}{1+29\omega^2+100\omega^4} + j\,\frac{-7\omega}{1+29\omega^2+100\omega^4} \\
&= \frac{1}{\sqrt{1+29\omega^2+100\omega^4}} \angle -\arctan\frac{7\omega}{1-10\omega^2}
\end{aligned}
$$

确定起点：$\omega=0$，$A(0)=|G(j0)|=1$，$\varphi(0)=0°$。

确定终点：$\omega=\infty$，$A(\infty)=|G(j\infty)|=0$，$\varphi(\infty)=-180°$。

确定与虚轴的交点:令实部为零,有 $1-10\omega^2=0$,解得 $\omega=0.32$,代入虚部得曲线与虚轴交点为

$$V(\omega)=\frac{-7\omega}{1+29\omega^2+100\omega^4}=-\frac{1}{7}\sqrt{10}=-0.45$$

系统的概略开环奈奎斯特图见图 4-18。

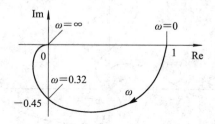

图 4-18 例 4-2 0 型单位负反馈系统的概略开环奈奎斯特图

例 4-3 已知控制系统开环传递函数

$$G(s)H(s)=\frac{10}{s(1+2s)(1+5s)}$$

试概略绘制控制系统开环幅相曲线。

解 控制系统由多个典型环节串联时,幅频特性可等效为各环节幅频特性之积,相频特性可等效为各环节相频特性之和。令 $s=\mathrm{j}\omega$,则控制系统频率特性为

$$G(\mathrm{j}\omega)=\frac{10}{\omega\sqrt{1+29\omega^2+100\omega^4}}\angle-90°-\arctan2\omega-\arctan5\omega$$

确定起点:$\omega=0$,$A(0)=|G(\mathrm{j}0)|=-\infty$,$\varphi(0)=-90°$。

确定终点:$\omega=\infty$,$A(\infty)=|G(\mathrm{j}\infty)|=0$,$\varphi(\infty)=-90°-90°-90°=-270°$。又有

$$G(\mathrm{j}\omega)=\frac{10}{\mathrm{j}\omega(1+\mathrm{j}2\omega)(1+\mathrm{j}5\omega)}=\frac{-70}{1+29\omega^2+100\omega^4}+\mathrm{j}\frac{1}{\omega}\cdot\frac{100\omega^2-10}{1+29\omega^2+100\omega^4}$$

确定与实轴的交点:令虚部为零,有 $1-10\omega^2=0$,解得 $\omega=0.32$,代入实部得曲线与实轴交点为

$$U(\omega)=\frac{-70}{1+29\omega^2+100\omega^4}=-\frac{70}{1+2.9+1}=-14.3$$

控制系统的概略开环奈奎斯特图见图 4-19。

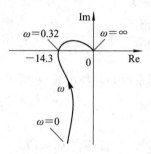

图 4-19 例 4-3 控制系统的概略开环奈奎斯特图

一般来说，控制系统型别 v 每增加 1 级，其概略开环奈奎斯特图在坐标系中绕原点旋转 $-90°$。如例 4 - 3 中，当控制系统型别 v 分别取 2 和 3 时，对应的奈奎斯特图见图 4 - 20。

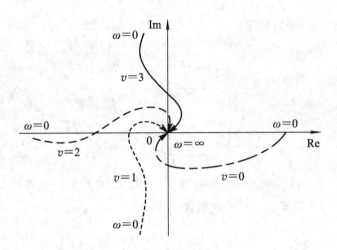

图 4 - 20 $v=0$、1、2、3 时的概略开环奈奎斯特图

二、控制系统开环对数幅相特性曲线的绘制

由于对数运算将乘法转化为加法，因此对于由各典型环节串联组成的开环系统来说，只要绘制各个典型环节的对数幅频曲线，将它们叠加起来即为控制系统的开环对数幅频曲线。对于相频曲线来说，也是如此。

鉴于在控制系统的频域法分析和设计中，控制系统开环对数幅频曲线可用其渐近线替代，并不影响对控制系统稳定性的判定，所以下面着重介绍开环对数幅相特性渐近线的绘制方法。

（一）叠加法

用叠加法绘制控制系统开环对数幅相特性渐近线的步骤如下：

（1）将控制系统开环传递函数分解为各典型环节之积；

（2）分别绘制各典型环节伯德图；

（3）将各典型环节伯德图叠加。

例 4 - 4 某单位负反馈控制系统的开环传递函数为 $G(s)=\dfrac{10}{s(1+0.5s)}$，试绘制其对数幅相特性渐近线。

解 根据 $G(s)=10\cdot\dfrac{1}{s}\cdot\dfrac{1}{0.5s+1}$，先绘制比例、积分和惯性环节的对数幅相特性曲线①、②和③，然后相加得④＝①＋②＋③，即为控制系统的伯德图，见图 4 - 21。

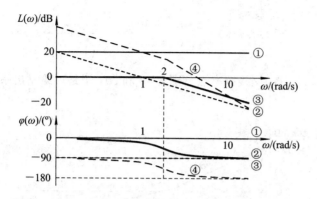

图 4-21 例 4-4 控制系统的伯德图

（二）直接法

叠加法绘制伯德图虽然直观易懂，但叠加时较为麻烦，图面也不太整洁。下面介绍一次成型的直接作图法。直接绘制控制系统开环对数幅相特性渐近线的步骤如下：

（1）将控制系统开环传递函数分解为各典型环节之积；

（2）找出各环节的交接频率点；

（3）从比例环节开始作图，依次在每个交接频率点转折，转折的斜率为各环节渐近线斜率。

例 4-5 试用直接法绘制出例 4-4 系统的伯德图。

解 同样将控制系统分解为比例、积分和惯性环节之积。比例环节起始值为 $20\lg 10 = 20\ \text{dB}$，积分环节过零点为 $\omega = 1$，惯性环节的交接频率为 2。控制系统的伯德图见图 4-22。

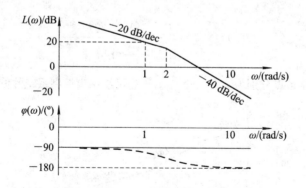

图 4-22 例 4-5 控制系统的伯德图

例 4-6 已知某随动系统结构图如图 4-23 所示，试绘制系统的伯德图。

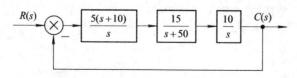

图 4-23 例 4-6 随动系统的结构图

解 由随动系统的结构图可知，其开环传递函数为

$$G(s)H(s) = \frac{750(s+10)}{s^2(s+50)} = \frac{150\left(1+\dfrac{s}{10}\right)}{s^2\left(1+\dfrac{s}{50}\right)}$$

$L(1) = 20\lg 150 = 43.5 \text{ dB}$，交接频率点分别为 10 和 50，于是可绘制出系统的伯德图，如图 4-24 所示。

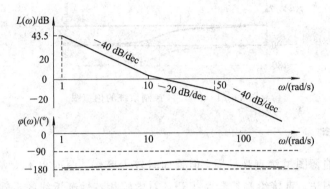

图 4-24　例 4-6 随动系统的伯德图

例 4-7　已知某单位负反馈控制系统开环传递函数为

$$G(s) = \frac{400(0.5s+1)}{s(2s+1)(s+10)}$$

试绘制控制系统的伯德图。

解　由 $G(s) = \dfrac{400(0.5s+1)}{s(2s+1)(s+10)}$ 可知：

$$G(s)H(s) = \frac{40\left(1+\dfrac{s}{2}\right)}{s\left(1+\dfrac{s}{0.5}\right)\left(1+\dfrac{s}{10}\right)}$$

$20\lg 40 = 32\text{dB}$，交接频率点分别为 0.5、2 和 10，于是可绘制出控制系统的伯德图，见图 4-25。

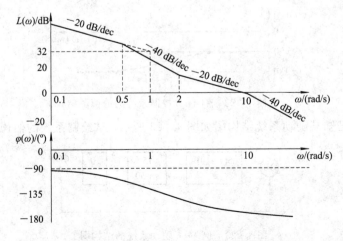

图 4-25　例 4-7 单位负反馈控制系统的伯德图

三、最小相位系统

最小相位系统系统开环传递函数的所有零极点都位于 s 平面的左半平面。

非最小相位系统是指系统开环传递函数在 s 平面的右半平面存在零极点。

最小相位系统的对数幅频曲线和相频曲线是唯一确定的，因此可以通过伯德图反推写出最小相位系统的频率特性乃至传递函数。

例 4-8　已知某最小相位系统的伯德图如图 4-26 所示，试写出系统的开环传递函数。

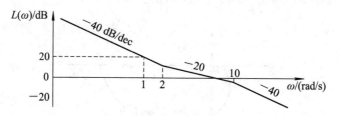

图 4-26　例 4-8 最小相位系统的伯德图

解　由图 4-26 可知：

$$G(s) = \frac{K\left(1 + \dfrac{s}{2}\right)}{s^2\left(1 + \dfrac{s}{10}\right)}$$

又

$$L(\omega)\big|_{\omega=1} = 20\lg K = 20$$

解得 $K = 10$，于是得到最小相位系统的传递函数为

$$G(s) = \frac{10\left(1 + \dfrac{s}{2}\right)}{s^2\left(1 + \dfrac{s}{10}\right)} = \frac{2(s+2)}{s^2(s+10)}$$

第四节　频率域稳定判据

稳定是控制系统正常工作的前提条件。在频域分析法中，奈奎斯特稳定判据和对数频率稳定判据是常用的两种判据。频率域稳定判据的特点是根据开环系统频率特性曲线判定闭环系统的稳定性。

一、奈奎斯特稳定判据

奈奎斯特稳定判据简称奈氏判据，可用如下公式表示：

$$Z = P - 2N \tag{4-8}$$

式中：P 是开环传递函数的右极点的个数；Z 是闭环传递函数的右极点的个数；N 是开环

频率特性曲线包含$(-1, j0)$点转过的圈数，且顺时针为负，逆时针为正。

若 $Z=0$，则闭环系统稳定；若 $Z>0$，则闭环系统不稳定。

若曲线过$(-1, j0)$点，则闭环系统临界稳定。

例 4-9 某单位负反馈控制系统开环传递函数为

$$G(s) = \frac{K}{(T_1s+1)(T_2s+1)}, \quad K>0, T_1>0, T_2>0$$

试用奈氏判据判断闭环系统的稳定性。

解 绘制开环奈奎斯特图，如图 4-27 所示。

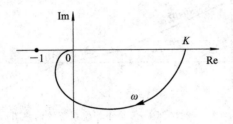

图 4-27 例 4-9 单位负反馈控制系统的奈奎斯特图

由图 4-27 可见，$N=0$，由 $G(s)$ 可得 $P=0$，于是 $Z=P-2N=0-2\times0=0$，闭环系统稳定。

例 4-10 某单位负反馈控制系统开环传递函数为

$$G(s) = \frac{K}{s-1}$$

试用奈氏判据判断闭环系统的稳定性。

解 $P=1$，系统开环不稳定。绘制开环奈奎斯特图，如图 4-28 所示。

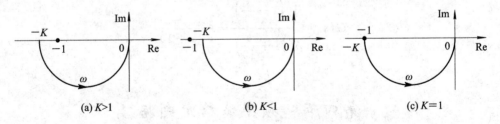

图 4-28 例 4-10 单位负反馈控制系统的奈奎斯特图

分三种情况讨论：

(a) $K>1$：$N=1/2$，由 $G(s)$ 可得 $P=1$，于是 $Z=P-2N=1-2\times(1/2)=0$，闭环系统稳定。

(b) $K<1$：$N=0$，由 $G(s)$ 可得 $P=1$，于是 $Z=P-2N=1-2\times(0)=1$，闭环系统不稳定。

(c) $K=1$：曲线过$(-1, j0)$点，闭环系统临界稳定。

综上所述，所讨论的单位负反馈系统在满足 $K>1$ 的情况下，闭环系统是稳定的，属于条件稳定。由本例可见，开环不稳定的系统，闭环可能是稳定的。

当系统型别增加时，可以补充辅助线，然后利用奈氏判据判断。

例 4-11 已知某单位负反馈控制系统开环传递函数为

$$G(s) = \frac{2}{s(s+1)(4s+1)}$$

试用奈氏判据判断闭环系统的稳定性。

解 $P=0$，$v=1$，绘制开环系统奈奎斯特图，如图 4-29 所示。

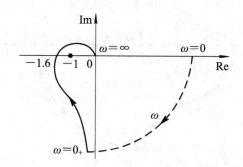

图 4-29 例 4-11 单位负反馈控制系统的奈奎斯特图

由于系统型别为 1，因此需要在奈奎斯特图上补充 $\omega=0_+$ 到 $\omega=0$ 段的辅助线。

绘制辅助线：从 $\omega=0_+$ 出发，以原点为圆心，无穷大为半径，逆时针作一段角度为 $90°$ 的圆弧。利用奈氏判据判断，得 $N=-1$，$P=0$，于是 $Z=P-2N=0-2\times(-1)=2$，可知闭环系统不稳定，且有两个正实部的根。

当系统型别为 v 时，绘制辅助线时逆时针旋转角度为 $v\times90°$。

例 4-12 已知单位负反馈控制系统开环传递函数为

$$G(s) = \frac{K}{s^2(T_1 s+1)(T_2 s+1)}$$

试用奈氏判据判断闭环系统的稳定性。

解 $P=0$，$v=2$，绘制开环系统奈奎斯特图，如图 4-30 所示。

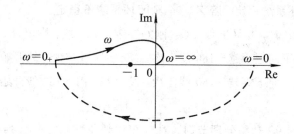

图 4-30 例 4-12 单位负反馈控制系统的奈奎斯特图

由于系统型别为 2，因此需要在奈奎斯特图上补充 $\omega=0_+$ 到 $\omega=0$ 段的辅助线。

绘制辅助线：从 $\omega=0_+$ 出发，以原点为圆心，无穷大为半径，逆时针作角度为 $180°$ 的圆弧，然后利用奈氏判据判断，得 $N=-1$，$P=0$，于是 $Z=P-2N=0-2\times(-1)=2$，可知闭环系统不稳定，且有两个正实部的根。

例 4-13　已知某型导弹雷达天线随动系统开环传递函数为

$$G(s) = \frac{2389.7(0.8s+1)(0.443s+1)}{s(24.35s^2+4.22s+1)}$$

试用奈氏判据判断闭环系统的稳定性。

　　解　$P=0$，$v=1$，绘制开环系统奈奎斯特图，如图 4-31 所示。

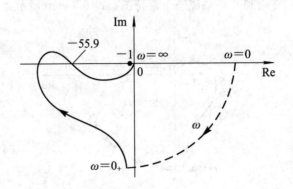

图 4-31　导弹雷达天线随动系统奈奎斯特图

　　由于系统型别为 1，因此在奈奎斯特图上从 $\omega=0_+$ 出发，以原点为圆心，无穷大为半径，逆时针作角度为 $90°$ 的圆弧，补充 $\omega=0_+$ 到 $\omega=0$ 段的辅助线。然后利用奈氏判据判断，得 $N=0$，$P=0$，于是 $Z=P-2N=0-2\times0=0$，可知闭环系统稳定。

二、对数频率稳定判据

　　对数频率稳定判据简称对数判据，可用如下公式表示：

$$Z = P - 2N \tag{4-9}$$

式中：P 是开环传递函数的右极点的个数；Z 是闭环传递函数的右极点的个数；N 是在对数幅频曲线 $L(\omega)>0$ dB 的频率范围内，相频曲线 $\varphi(\omega)$ 对 $-180°$ 线的正、负穿越之差。

　　若 $Z=0$，则闭环系统稳定；若 $Z>0$，则闭环系统不稳定。

　　若在 $L(\omega)=0$ dB 时，相频曲线 $\varphi(\omega)$ 刚好穿越 $-180°$ 线，则闭环系统临界稳定。

　　正穿越：$\varphi(\omega)$ 由下向上穿越 $-180°$ 线 1 次，$N_+=1$。由 $-180°$ 线开始向上为半个正穿越。

　　负穿越：$\varphi(\omega)$ 由上向下穿越 $-180°$ 线 1 次，$N_-=1$。由 $-180°$ 线开始向下为半个负穿越。

　　$N=N_+-N_-$。

　　当开环传递函数中含有积分环节时，对应在相频曲线 $\varphi(\omega)$ 上 $\omega=0_+$ 处，用虚线向上补画 $v\times90°$ 的角度。

　　例 4-14　考虑例 4-4 中的单位负反馈控制系统开环传递函数为

$$G(s) = \frac{10}{s(0.5s+1)}$$

试用对数判据判断闭环系统的稳定性。

　　解　$P=0$，$v=1$，绘制开环系统伯德图，如图 4-32 所示。

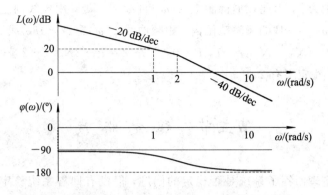

图 4-32 例 4-14 单位负反馈控制系统的伯德图

由于系统型别为 1，因此在伯德图上 $\varphi(\omega)$ 的 $\omega=0_+$ 处，用虚线向上补画 $90°$ 的角度。可以看出，在 $L(\omega)>0$ dB 的频率范围内，相频曲线 $\varphi(\omega)$ 没有穿越 $-180°$ 线。根据对数判据，有 $N=0$，$P=0$，于是 $Z=P-2N=0-2\times0=0$，可知闭环系统稳定。

例 4-15 已知某位置控制系统结构图如图 4-33 所示，试用对数判据判断闭环系统的稳定性。

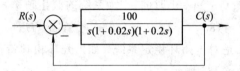

图 4-33 例 4-15 位置控制系统的结构图

解 控制系统开环传递函数为

$$G(s)H(s)=\frac{100}{s(1+0.02s)(1+0.2s)}$$

$P=0$，$v=1$，绘制开环系统伯德图，如图 4-34 所示。

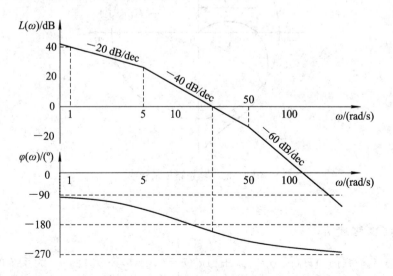

图 4-34 例 4-15 的开环系统伯德图

由于系统型别为 1，因此在伯德图上 $\varphi(\omega)$ 的 $\omega=0_+$ 处，用虚线向上补画 $90°$ 的角度。可以看出，在 $L(\omega)>0$ dB 的频率范围内，相频曲线 $\varphi(\omega)$ 穿越 $-180°$ 线 1 次，$N_-=1$。根据对数判据，有 $N=N_+-N_-=-1$，$P=0$，于是 $Z=P-2N=0-2\times(-1)=2$，可知闭环系统不稳定，不稳定根有 2 个。

第五节　稳 定 裕 度

稳定性判定定理回答了系统是否稳定的问题，但没有回答系统稳定到什么程度的问题。系统的稳定程度属于系统相对稳定性的问题，可以用稳定裕度来衡量。

一、稳定裕度的定义及计算

稳定裕度常用相位裕度和幅值裕度来度量。

（一）相位裕度 γ

称 $A(\omega)=\left|G(\mathrm{j}\omega_c)H(\mathrm{j}\omega_c)\right|=1$ 时的 ω_c 为系统的截止频率，定义相位裕度为

$$\gamma=180°+\varphi(\omega_c)=180+\angle G(\mathrm{j}\omega_c)H(\mathrm{j}\omega_c) \tag{4-10}$$

相位裕度的物理意义是对于闭环稳定系统，如果开环相频特性再滞后 γ 度，则系统将处于临界稳定状态，如图 4-35 所示。

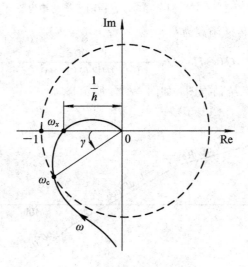

图 4-35　稳定裕度示意图

（二）幅值裕度 h

称 $\varphi(\omega)=\angle G(\mathrm{j}\omega_x)H(\mathrm{j}\omega_x)=(2k+1)\pi$（$k=0,\pm1,\cdots$）时的 ω_x 为系统的穿越频率，定义幅值裕度为

$$h=\frac{1}{A(\omega_x)}=\frac{1}{\left|G(j\omega_x)H(j\omega_x)\right|}\qquad(4-11)$$

幅值裕度的物理意义是对于闭环稳定系统，如果开环幅频特性再增大 h 倍，则系统将处于临界稳定状态。

例 4-16　已知单位负反馈控制系统开环传递函数为

$$G(s)H(s)=\frac{K}{(s+1)^3}$$

确定 $K=4$ 和 $K=10$ 时闭环系统的稳定裕度。

解　$G(j0)=K\angle0°$，$G(j\infty)=0\angle-270°$，绘制开环系统奈奎斯特图，如图 4-36 所示。

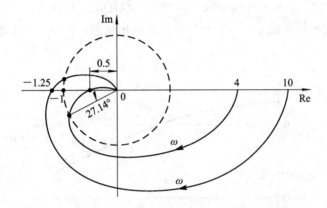

图 4-36　例 4-16 单位负反馈控制系统的奈奎斯特图

（1）$K=4$ 时，计算相位裕度和幅值裕度：

$$A(\omega_c)=\frac{4}{(\sqrt{1+\omega_c^2})^3}=1\Rightarrow\omega_c=1.23$$

$$\varphi(\omega_c)=-3\arctan\omega_c=-152.86°\Rightarrow\gamma=180°+\varphi(\omega_c)=27.14°$$

$$\varphi(\omega_x)=-3\arctan\omega_x=-180°\Rightarrow\omega_x=\sqrt{3}$$

$$A(\omega_x)=\frac{4}{(\sqrt{1+\omega_x^2})^3}=0.5\Rightarrow h=\frac{1}{A(\omega_x)}=2$$

应用奈氏判据判稳：$Z=P-2N=0$，闭环系统稳定，且相位稳定裕度为 27.14°，幅值稳定裕度为 2。

（2）$K=10$ 时，计算相位裕度和幅值裕度：

$$A(\omega_c)=\frac{10}{(\sqrt{1+\omega_c^2})^3}=1\Rightarrow\omega_c=1.91$$

$$\varphi(\omega_c)=-3\arctan\omega_c=-187.03°\Rightarrow\gamma=180°+\varphi(\omega_c)=-7.03°$$

$$\varphi(\omega_x)=-3\arctan\omega_x=-180°\Rightarrow\omega_x=\sqrt{3}$$

$$A(\omega_x)=\frac{10}{(\sqrt{(1+\omega_x^2)})^3}=1.25\Rightarrow h=\frac{1}{A(\omega_x)}=0.8$$

应用奈氏判据判稳：$Z=P-2N=2$，闭环系统不稳定，且相位稳定裕度为$-7.03°$，幅值稳定裕度为 0.8。

对于最小相位系统来说，当 $\gamma>0$ 且 $h>1$ 时闭环系统稳定，当 $\gamma=0$ 且 $h=1$ 时闭环系统临界稳定，当 $\gamma<0$ 且 $h<1$ 时闭环系统不稳定。

二、对数坐标中的稳定裕度

（一）相位裕度 γ

设 ω_c 为系统的截止频率，显然 $L(\omega)=20\lg|G(\mathrm{j}\omega_c)H(\mathrm{j}\omega_c)|=0$，定义相位裕度为

$$\gamma=180°+\varphi(\omega_c)=180+\angle G(\mathrm{j}\omega_c)H(\mathrm{j}\omega_c) \tag{4-12}$$

γ 为 $\omega=\omega_c$ 时对数相频曲线 $\varphi(\omega_c)$ 距离$-180°$线的相位差，在$-180°$线之上时为正，如图 4-37 所示。

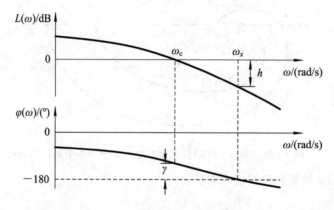

图 4-37　对数坐标中的稳定裕度

（二）对数幅值裕度 h

设 ω_x 为系统的穿越频率，显然

$$\varphi(\omega)=\angle G(\mathrm{j}\omega_x)H(\mathrm{j}\omega_x)=(2k+1)\pi, \quad k=0,\pm1,\cdots$$

定义幅值裕度为

$$h=20\lg\frac{1}{A(\omega_x)}=-20\lg|G(\mathrm{j}\omega_x)H(\mathrm{j}\omega_x)|(\mathrm{dB}) \tag{4-13}$$

h 为 $\omega=\omega_x$ 时对数幅频曲线 $L(\omega_c)$ 距离 0 dB 线的分贝值，在 0 dB 线以下时为正，如图 4-37 所示。

只有当对数幅值裕度和相位裕度同时满足大于零的情况时，闭环系统才是稳定的。工程中通常要求 γ 在 $30°\sim60°$ 之间，$h>6$ dB。

例 4-17　单位负反馈控制系统的开环传递函数为

$$G(s)=\frac{K}{s(1+0.02s)(1+0.2s)}$$

试分别确定开环增益 $K=2$ 和 $K=10$ 时的对数相位裕度和对数幅值裕度。

解 $K=2$ 时，$20\lg K=6$；$K=10$ 时，$20\lg K=20$，绘制开环系统伯德图如图 4-38 所示。

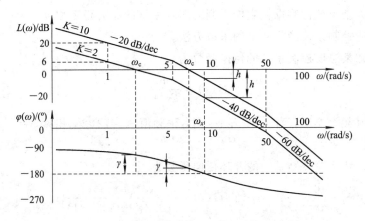

图 4-38 例 4-17 单位负反馈系统的伯德图

由图 4-38 所示可以看出，开环增益 $K=2$ 和 $K=10$ 时的对数相位裕度和对数幅值裕度均大于零，闭环系统是稳定的，相对稳定性随着开环增益 K 的增大而减小，结合例 4-15 可知，$K=100$ 时，系统是不稳定的。

上述方法得到的是稳定裕度的近似值，稳定裕度的精确值可用定义公式计算。

（1）$K=2$ 时，计算对数相位裕度和对数幅值裕度：

$$20\lg\frac{2}{\omega_c\sqrt{1+0.04\omega_c^2}\sqrt{1+0.0004\omega_c^2}}=0\Rightarrow\omega_c=1.87$$

$$\varphi(\omega_c)=-90°-\arctan0.2\omega_c-\arctan0.02\omega_c=-112.68°\Rightarrow\gamma=180°+\varphi(\omega_c)=67.32°$$

$$\varphi(\omega_x)=-90°-\arctan0.2\omega_x-\arctan0.02\omega_x=-180°\Rightarrow\omega_x=15.81$$

$$20\lg\frac{2}{\omega_x\sqrt{1+0.04\omega_x^2}\sqrt{1+0.0004\omega_x^2}}=-28.79\Rightarrow h=28.79$$

（2）$K=10$ 时，计算对数相位裕度和对数幅值裕度：

$$20\lg\frac{10}{\omega_c\sqrt{1+0.04\omega_c^2}\sqrt{1+0.0004\omega_c^2}}=0\Rightarrow\omega_c=8.95$$

$$\varphi(\omega_c)=-90°-\arctan0.2\omega_c-\arctan0.02\omega_c=-160.96°\Rightarrow\gamma=180°+\varphi(\omega_c)=19.04°$$

$$\varphi(\omega_x)=-90°-\arctan0.2\omega_x-\arctan0.02\omega_x=-180°\Rightarrow\omega_x=15.81$$

$$20\lg\frac{10}{\omega_x\sqrt{1+0.04\omega_x^2}\sqrt{1+0.0004\omega_x^2}}=-14.81\Rightarrow h=14.81$$

稳定裕度的精确值还可以采用 MATLAB 程序计算得到。

习 题 4

4-1 何为频率特性？常用的频率特性图示法有哪几种？

4-2 如何概略绘制控制系统的奈奎斯特图？

4-3 什么是伯德图？它有哪些特点？

4-4 简述最小相位系统的定义和特点。

4-5 何为奈奎斯特判据？它能否判断闭环系统的相对稳定程度？

4-6 简述控制系统稳定裕度的求取方法。

4-7 已知某温度控制系统的传递函数为

$$G(s) = \frac{K}{Ts+1}$$

利用实验法测其频率响应，当 $\omega=1$ rad/s 时，幅频值 $A=12\sqrt{2}$，相频 $\varphi=-45°$，试确定增益 K 和时常数 T。

4-8 单位负反馈控制系统的开环传递函数为

(1) $G(s) = \dfrac{10}{s(0.4s+1)}$； (2) $G(s) = \dfrac{10}{s(0.2s^2+0.8s-1)}$

试概略绘制出其幅相频率特性曲线。

4-9 已知控制系统的开环幅相曲线如图 4-39 所示，试用奈氏判据判断闭环系统的稳定性。

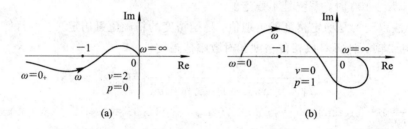

(a)   (b)

图 4-39 控制系统开环幅相曲线

4-10 绘制下列传递函数的对数幅频渐近线和概略对数相频特性曲线。

(1) $G(s) = \dfrac{2}{(2s+1)(8s+1)}$； (2) $G(s) = \dfrac{200}{s^2(s+1)(10s+1)}$；

(3) $G(s) = \dfrac{10(s+0.2)}{s^2(s+0.1)}$； (4) $G(s) = \dfrac{40(s+0.5)}{s(s+0.2)(s^2+s+1)}$。

4-11 已知最小相位系统的开环对数幅频特性渐近线如图 4-40 所示。

(1) 求出系统的开环传递函数；

(2) 概略绘制系统的开环对数相频特性曲线；

(3) 用对数判据判定系统的闭环稳定性。

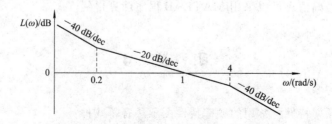

图 4-40 系统开环对数幅频特性渐近线

4-12　已知控制系统开环幅相曲线如图 4-41 所示，求系统的稳定裕度。

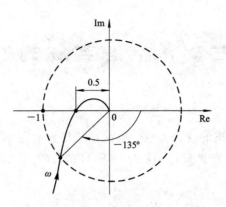

图 4-41　控制系统开环幅相曲线

4-13　已知最小相位系统的开环对数幅频渐近线如图 4-42 所示。

（1）求出系统的开环传递函数；

（2）计算系统的截止频率 ω_c；

（3）计算系统的相位裕度 γ。

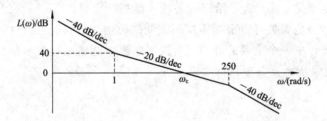

图 4-42　最小相位系统的开环对数幅频特性渐近线

第五章 控制系统的校正

本章主要介绍控制系统的校正方法，包括系统校正的基本概念、常用校正装置及特性、串联校正、反馈校正、前馈校正和复合校正等内容。

第一节 系统校正

一、校正概念

校正是指在控制系统中加入一些其参数可以根据需要而改变的机构或装置，使控制系统的整个特性发生变化，从而满足给定的各项性能指标要求。

校正元件（装置）是参数可以根据需要而改变的机构或装置。

校正是系统设计中一个重要的环节，当控制系统不能满足所要求的性能指标时，可以通过校正设计，使系统满足各项指标要求。

二、校正方式

按照校正装置在控制系统中的连接方式，控制系统校正方式可分为串联校正、反馈校正、前馈校正和复合校正。

（一）串联校正

串联校正装置一般连接在控制系统误差测量点之后和放大器之前，串联于系统前向通道之中，见图 5-1。

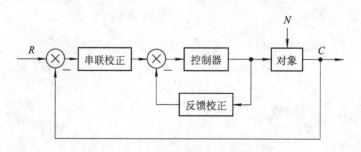

图 5-1 串联校正和反馈校正

（二）反馈校正

反馈校正装置一般连接在局部反馈通路之中，见图5-1。

（三）前馈校正

前馈校正又称顺馈校正，是在控制系统主反馈回路之外采用的校正方式。前馈校正装置连接在控制系统的给定值之后和主反馈作用点之前的前向通道上，见图5-2(a)。这种装置的作用相当于对给定值信号进行整形或滤波后，再送入反馈系统。因此又称前馈滤波器。还有一种前馈校正装置连接在系统可测扰动作用点和误差测量点之间，对扰动信号进行直接或间接测量，并经变换后接入控制系统，形成一条附加的对扰动影响进行补偿的通道，见图5-2(b)。

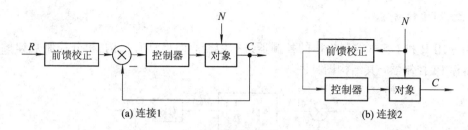

(a) 连接1　　　　　　　　　　　　　(b) 连接2

图5-2　前馈校正

（四）复合校正

复合校正是在反馈控制回路中，加入前馈校正通路，组成一个复合控制的整体，分为扰动补偿的复合控制方式和按输入补偿的复合控制方式，见图5-3。

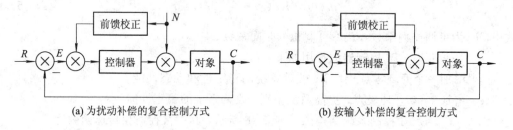

(a) 为扰动补偿的复合控制方式　　　　　(b) 按输入补偿的复合控制方式

图5-3　复合校正

三、常用控制规律

控制规律是指控制器的输入与输出关系，包含校正装置在内的控制器，通常采用比例（Proportional）、积分（Integral）和微分（Derivative）等基本控制规律，或者采用这些基本控制规律的组合，如比例微分、比例积分和比例微分积分控制器等。

（一）基本控制规律

当控制器 $G_c(s)$ 采用比例控制规律时称为 P 控制器，见图 5-4。这时

$$G_c(s) = K, \quad m(t) = Ke(t)$$

同理，可以定义积分 I 和微分 D 控制器。通常称 P、I 和 D 控制规律为基本控制规律。

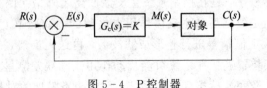

图 5-4 P 控制器

（二）PI 控制器

将采用 P 和 I 基本控制规律的控制器进行组合，即得具有比例-积分控制规律的控制器，简称 PI 控制器，其结构图见图 5-5。

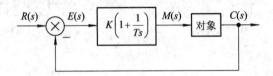

图 5-5 PI 控制器结构图

这时

$$G_c(s) = K\left(1 + \frac{1}{Ts}\right) = K\left(\frac{Ts+1}{Ts}\right) \tag{5-1}$$

$$m(t) = Ke(t) + \frac{K}{T}\int_0^t e(t)\,\mathrm{d}t \tag{5-2}$$

式中，K 为可调比例系数，T 为可调积分时间常数。

在串联校正时，PI 控制器的作用如下：

（1）增加一个开环零点 $-1/T$，改善系统的稳定性和动态性能。

（2）增加 $s=0$ 开环极点，提高系统型别，改善系统的稳态性能。

例 5-1 设 PI 控制系统结构图如图 5-6 所示，其中被控对象传递函数为

$$G(s) = \frac{K_o}{s(T_o s + 1)}$$

试分析 PI 控制器对系统稳态性能的改善作用。

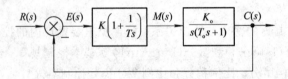

图 5-6 PI 控制系统结构图

解 由图 5-6 可知，控制系统的被控对象与 PI 串联后，其开环传递函数为

$$G(s)=\frac{KK_o(Ts+1)}{Ts^2(T_os+1)}$$

可以看出，系统由 Ⅰ 型增加到 Ⅱ 型。这样系统对斜坡输入信号的稳态误差为零，从有差系统提升到无差系统，表明系统接入 PI 控制器后控制准确度大为改善。

接入 PI 控制器后的闭环系统特征方程为

$$TT_os^3+Ts^2+KK_oTs+KK_o=0$$

由劳斯稳定判据可知：当 $T>T_o$ 时，闭环系统稳定，即可以通过调整 T 提高系统的稳定性。

（三）PD 控制器

将采用 P 和 D 基本控制规律的控制器进行组合，即得具有比例-微分控制规律的控制器，简称 PD 控制器，其结构图见图 5-7。

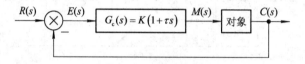

图 5-7 PD 控制器

这时

$$G_c(s)=K(1+\tau s) \tag{5-3}$$

$$m(t)=Ke(t)+\tau\frac{\mathrm{d}e(t)}{\mathrm{d}t} \tag{5-4}$$

式中，K 为可调比例系数，τ 为可调微分时间常数。

在串联校正时，PD 控制器的作用如下：

增加开环零点 $-1/\tau$，提高相位裕度，增大系统的阻尼程度，改善系统的稳定性和动态性能。

例 5-2 设 PD 控制系统结构图如图 5-8 所示，其中被控对象传递函数为

$$G(s)=\frac{1}{Js^2}$$

试分析 PD 控制器对系统性能的影响。

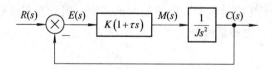

图 5-8 PD 控制系统结构图

解 由图 5-8 可知，无 PD 控制器时，闭环系统的特征方程为 $Js^2+1=0$，显然系统的阻尼比等于零，其输出为等幅振荡形式，处于临界稳定状态。

当系统串联接入 PD 控制器后，其开环传递函数为

$$G(s) = \frac{K(1 + \tau s)}{Js^2}$$

闭环系统特征方程为 $Js^2 + K\tau s + K = 0$，其阻尼比为

$$\xi = \frac{\tau\sqrt{K}}{2\sqrt{J}} > 0$$

因此闭环系统是稳定的。闭环系统的稳定程度，可以通过调整 K 和 τ 的数值来控制。

需要指出的是，PD 控制器只对动态过程起作用，而对稳态过程没有影响。工程上常把三种基本控制规律结合起来，构成 PID 控制器。

(四) PID 控制器

分别将采用 P、I、D 基本控制规律的控制器进行组合，即得具有比例-积分-微分控制规律的控制器，简称 PID 控制器，其结构图见图 5-9。

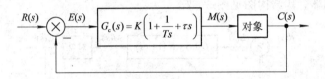

图 5-9　PID 控制器结构图

由图 5-9 可知：

$$G_c(s) = K\left(1 + \frac{1}{Ts} + \tau s\right) = K\left(\frac{\tau Ts^2 + Ts + 1}{Ts}\right) \tag{5-5}$$

$$m(t) = Ke(t) + \frac{K}{T}\int_0^t e(t)\mathrm{d}t + K\tau\frac{\mathrm{d}e(t)}{\mathrm{d}t} \tag{5-6}$$

式中，K 为可调比例系数，T 为可调积分时间常数，τ 为可调微分时间常数。

若 $4\tau/T < 1$，则图 5-9 中的控制器还可以表示成如下形式：

$$G_c(s) = K\left(1 + \frac{1}{Ts} + \tau s\right) = \frac{K}{T}\left(\frac{(\tau_1 s + 1)(\tau_2 s + 1)}{s}\right) \tag{5-7}$$

可见在串联校正时，PID 控制器的作用如下：

(1) 提供两个负实数零点，较 PI 控制器多提供一个负实数零点，在提高系统动态性能方面具有更大的优越性。

(2) 提供 $s = 0$ 开环极点，提高系统型别，改善系统的稳态性能。

PID 控制器兼顾了 PI 控制器和 PD 控制器的优点，因此在工业过程控制系统中被广泛使用。PID 控制器各部分参数的选择，在应用现场的系统调试中最后确定。

第二节　常用校正装置及特性

校正装置可分为无源和有源两大类。

一、无源校正装置

无源校正装置一般由 RC 网络组成。无源校正网络又可分为超前、滞后和滞后-超前校正网络。

（一）无源超前校正网络

无源超前校正网络见图 5-10。

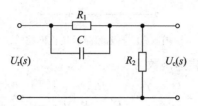

图 5-10　无源超前校正网络

由图 5-10 可知网络的传递函数为

$$G_c(s) = \frac{U_c(s)}{U_r(s)} = \frac{R_2(R_1Cs+1)}{R_1R_2Cs+R_1+R_2} = \frac{1}{a}\frac{aTs+1}{Ts+1} \tag{5-8}$$

式中：

$$a = \frac{R_1+R_2}{R_2}, \quad T = \frac{R_1R_2}{R_1+R_2}C$$

a 为分度系数，显然 $a>1$，T 为时间常数。由式（5-8）可见，采用串联超前校正时，整个系统的开环增益要下降到原来的 $1/a$，因此，需要提高放大器的增益加以补偿。

串联无源超前校正网络的伯德图见图 5-11。

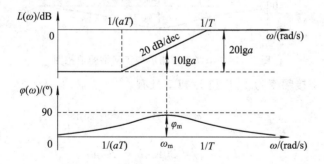

图 5-11　串联无源超前校正网络的伯德图

图 5-11 中，交接频率为 $1/aT$ 和 $1/T$，且有

$$\omega_m = \frac{1}{T\sqrt{a}}, \quad \varphi_m = \varphi_c(\omega_m) = \arcsin\frac{a-1}{a+1}, \quad L_c(\omega_m) = -20\lg\sqrt{a} = -10\lg a$$

无源超前校正网络的特点如下：

（1）幅频特性在低频段不变，幅频特性在高频段加强。

（2）相频特性呈超前特性。最大超前角 φ_m 发生在两个交接频率之间的几何中心处。

（3）最大超前角 φ_m 仅与分度系数 a 有关。a 越大，超前网络微分效益越强。

（二）无源滞后校正网络

无源滞后校正网络见图 5-12。

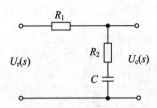

图 5-12 无源滞后校正网络

由图 5-12 可知网络的传递函数为

$$G_c(s) = \frac{U_c(s)}{U_r(s)} = \frac{R_2 Cs + 1}{(R_1 + R_2)Cs + 1} = \frac{bTs + 1}{Ts + 1} \qquad (5-9)$$

式中：

$$b = \frac{R_2}{R_1 + R_2}, \quad T = (R_1 + R_2)C$$

b 为分度系数，表示滞后深度，显然 $b < 1$，T 为时间常数。

串联无源滞后校正网络的伯德图见图 5-13。

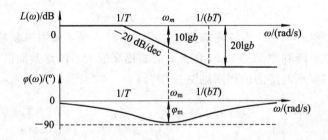

图 5-13 串联无源滞后校正网络的伯德图

图 5-13 中，交接频率为 $1/T$ 和 $1/bT$，且有

$$\omega_m = \frac{1}{T\sqrt{b}}, \quad \varphi_m = \varphi_c(\omega_m) = \arcsin\frac{1-b}{1+b}$$

$$L_c(\omega_m) = 20\lg\sqrt{b} = 10\lg b$$

无源滞后校正网络的特点如下：

（1）幅频特性在低频段不变，幅频特性在高频段衰减，最大衰减量为 $20\lg b$。

（2）相频特性呈滞后特性。最大滞后角 φ_m 发生在两个交接频率之间的几何中心处。

采用无源滞后网络进行串联校正时，主要是利用其高频幅值衰减的特性，来降低系统的开环截止频率，以提高相位裕度，所以应尽量避免在已校正系统开环截止频率处产生最大滞后角 φ_m。

（三）无源滞后-超前校正网络

无源滞后-超前校正网络见图 5-14。

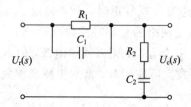

图 5-14 无源滞后-超前校正网络

由图 5-14 可知网络的传递函数为

$$G_c(s)=\frac{U_c(s)}{U_r(s)}=\frac{(T_as+1)(T_bs+1)}{(T_1s+1)(T_2s+1)}$$

$$=\frac{(T_as+1)(T_bs+1)}{(aT_as+1)\left(\frac{1}{a}T_bs+1\right)} \tag{5-10}$$

式中：

$$T_b=R_2C_2,\quad T_a=R_1C_1,\quad T_1=aT_a,\quad T_2=\frac{T_b}{a}$$

$$\frac{T_a}{T_1}=\frac{T_2}{T_b}=\frac{1}{a},\quad a>1$$

无源滞后-超前校正网络的伯德图见图 5-15。

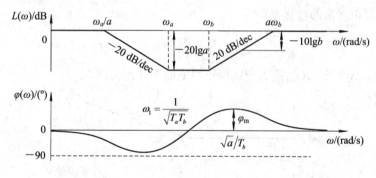

图 5-15 无源滞后-超前校正网络的伯德图

图 5-15 中，交接频率为 ω_a/a、ω_a、ω_b 和 $a\omega_b$，且有

$$\omega_m=\frac{\sqrt{a}}{T_b}$$

$$\omega_1=\frac{1}{\sqrt{T_aT_b}}$$

$$L_c(\omega_1)=-20\lg a$$

无源滞后-超前校正网络的特点如下：

（1）幅频特性在低频段和高频段均起始和终止于零分贝水平线，中频部分起衰减作

用，最大衰减量为 $20\lg a$。

（2）相频特性呈一个极小值和一个极大值。过零相角点在 $\omega_1 = 1/\sqrt{T_a T_b}$ 处，最大相角 φ_m 在 $\omega_m = \sqrt{a}/T_b$ 处。

采用无源滞后-超前网络进行串联校正时，只要确定 a、ω_a 和 ω_b，或者 a、T_a 和 T_b 三个独立变量，即可基本确定校正网络的频率特性曲线形状。

无源校正装置结构简单，组合方便，无需外供电源，但本身没有增益，只有衰减，且输入阻抗较低、输出阻抗较高，在实际应用时，常常需要增加放大器以起到放大或隔离作用。

二、有源校正装置

有源校正装置一般由无源网络加运算放大器组成。有源校正装置具有的优点是增益可调，输入阻抗大，输出阻抗小等，缺点是相对于无源校正装置来说，其线路组成较为复杂。

（一）有源比例-微分校正装置

有源比例-微分校正网络如图 5-16 所示。

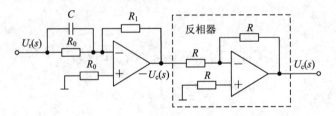

图 5-16 有源 PD 校正网络

有源 PD 校正网络的传递函数为

$$G_c(s) = \frac{U_c(s)}{U_r(s)} = R_1 \left(\frac{1}{R_0} + Cs \right) = K(\tau s + 1) \tag{5-11}$$

其中：$\tau = R_0 C$，$K = R_1 / R_0$。有源 PD 校正网络的伯德图见图 5-17。

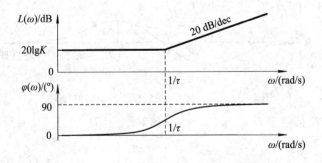

图 5-17 有源 PD 校正网络的伯德图

（二）有源比例-积分校正装置

有源比例-积分校正网络见图 5-18。

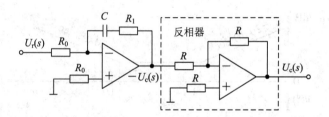

图 5-18　有源 PI 校正网络

有源 PI 校正网络的传递函数为

$$G_c(s) = \frac{U_c(s)}{U_r(s)} = \frac{R + \dfrac{1}{Cs}}{R_0} = \frac{RCs + 1}{R_0 Cs} = \frac{K(Ts+1)}{Ts} \tag{5-12}$$

其中：$T = R_1 C$，$K = R_1/R_0$。有源 PI 校正网络的伯德图见图 5-19。

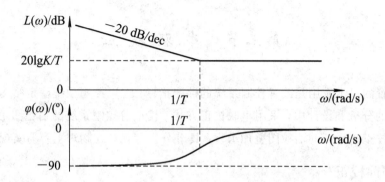

图 5-19　有源 PI 校正网络的伯德图

（三）有源比例-积分-微分校正装置

有源比例-积分-微分校正网络见图 5-20。

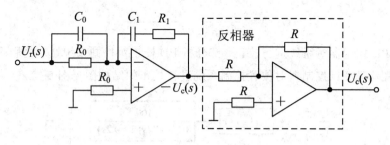

图 5-20　有源 PID 校正网络

有源 PID 校正网络的传递函数为

$$G_c(s) = \frac{U_c(s)}{U_r(s)} = \left(R_1 + \frac{1}{C_1 s}\right)\left(\frac{1}{R_0} + C_0 s\right)$$

$$= \frac{K(\tau s + 1)(Ts + 1)}{Ts} \tag{5-13}$$

其中：$\tau = R_0 C_0$，$T = R_1 C_1$，$K = R_1/R_0$。有源 PID 校正网络的伯德图见图 5-21。

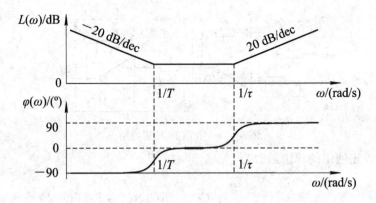

图 5-21　有源 PID 校正网络的伯德图

第三节　串联校正

校正装置的根本作用是改善控制系统的性能指标。在以控制系统稳定裕度和稳态误差为频域指标的分析和设计中，采用串联校正方式，校正后控制系统的伯德图可由校正装置的伯德图和校正前系统的伯德图叠加求得，具有分析直观和在物理上容易实现的特点。

一、串联超前校正

串联超前校正的基本原理是利用超前校正网络相位超前的特性，适当选择分度系数 a 和交接频率 $1/T$，使校正后的控制系统的截止频率和相位裕度满足性能指标的要求。PD 网络具有相位超前的特性，常用于串联超前校正方式中。

例 5-3　已知例 4-15 中单位负反馈位置控制系统的开环传递函数为

$$G(s) = \frac{100}{s(1+0.02s)(1+0.2s)}$$

若采用串联 PD 控制器对系统进行校正，试分析 PD 校正对控制系统性能的影响。

解　采用串联 PD 控制器对位置控制系统进行校正的结构图见图 5-22。

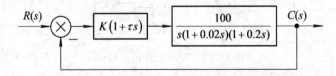

图 5-22　具有串联 PD 控制器的单位负反馈位置控制系统结构图

取 $K=1$，$\tau=0.2$，则校正后控制系统的开环传递函数为

$$G(s) = G_{PD}(s)G_o(s) = (0.2s+1)\frac{100}{s(0.2s+1)(0.02s+1)} = \frac{100}{s(0.02s+1)}$$

可见，PD 环节将原控制系统时常数较大的惯性环节的作用抵消了，校正后只剩下一

个惯性环节。校正前后控制系统的对数频率特性见图 5-23。

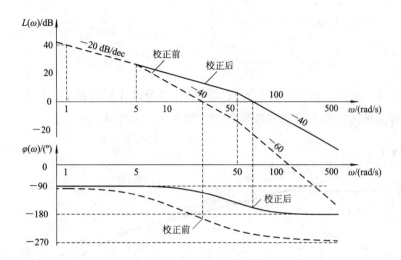

图 5-23 串联 PD 校正方式对控制系统对数频率特性的影响

由图 5-23 中可以看出，校正前，控制系统的相位裕度为负值，闭环系统不稳定，加入串联 PD 校正环节后，控制系统的截止频率提高了，相位裕度为正值，闭环系统稳定。通过计算也可得出上述结论。

校正前，开环系统截止频率 $\omega_c=19.25$，相位裕度 $\gamma=-6.50°$，闭环系统不稳定。

校正后，开环系统截止频率 $\omega_c=62.48$，相位裕度 $\gamma=38.67°$，闭环系统稳定。

一般来说，PD 控制器具有预报作用，能在误差信号变换前给出校正信号，能够减少控制系统的惯性作用，有效增强控制系统的稳定性和快速性，但系统的抗干扰能力有所下降。

二、串联滞后校正

串联滞后校正的基本原理是利用滞后校正网络相位滞后的特性，适当选择分度系数 a 和交接频率 $1/T$，使校正后控制系统的截止频率和相位裕度满足性能指标的要求。PI 网络具有相位滞后的特性，常用于串联滞后校正方式中。

例 5-4 设控制系统的开环传递函数为

$$G(s)=\frac{100}{(1+0.02s)(1+0.5s)}$$

若采用串联 PI 控制器对系统进行校正，试分析 PI 校正对控制系统性能的影响。

解 采用串联 PI 校正方式对位置控制系统进行校正，结构图见图 5-24。

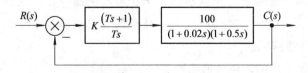

图 5-24 具有串联 PI 校正方式的位置控制系统结构图

取 $K=1$，$T=0.5$，则校正后控制系统的开环传递函数为

$$G(s)=G_{\mathrm{PI}}(s)G_{\mathrm{o}}(s)=\frac{(0.5s+1)}{0.5s}\frac{100}{(0.5s+1)(0.02s+1)}$$

$$=\frac{200}{s(0.02s+1)}$$

可见，PI 环节将原控制系统时常数较大的惯性环节的作用抵消了，校正后只剩下一个惯性环节。校正前后控制系统的对数频率特性如图 5-25 所示。

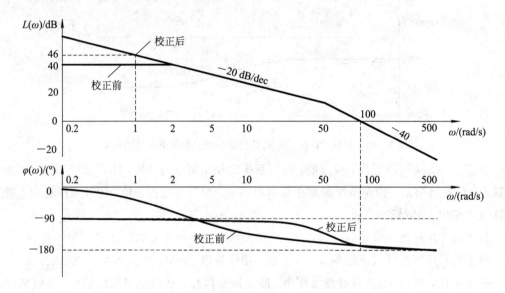

图 5-25 串联 PI 校正方式对控制系统对数频率特性的影响

可以看出，校正前，系统为 0 型系统，校正后提高到了 Ⅰ 型系统，改善了系统的稳态性能。加入串联 PI 校正环节后，控制系统的截止频率不变，相位裕度为正值，闭环系统稳定，但相位裕度值略微减少了一点。通过计算也可得出上述结论。

校正前，开环系统截止频率 $\omega_c=93.96$，相位裕度 $\gamma=29.24°$，闭环系统稳定。校正后截止频率仍然为 $\omega_c=93.96$，相位裕度 $\gamma=28.02°$，比校正前减少了 $1.22°$，相位裕度略有下降。

一般来说，PI 控制器可以提高控制系统的无差度和响应速度，但会使控制系统的稳定性变差。

三、串联滞后-超前校正

串联滞后-超前校正是综合了串联滞后校正和串联超前校正的优点，构造出的 PID 控制器。其基本原理是在低频段相位后移，中、高频段相位超前，适当地选择 PID 参数可得到较好的控制系统性能指标。

例 5-5 设控制系统的开环传递函数为

$$G(s)=\frac{20}{s(0.2s+1)(0.01s+1)}$$

若采用串联 PID 控制器对系统进行校正，试分析 PID 校正对控制系统性能的影响。

解 采用串联 PID 校正方式对控制系统进行校正，结构图见图 5‑26。

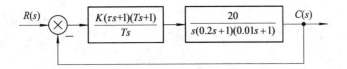

图 5‑26 具有串联 PID 校正方式的控制系统结构图

取 $K=2$，$\tau=0.1$，$T=0.2$，则校正后控制系统的开环传递函数为

$$G(s)=G_{\text{PID}}(s)G_{\text{o}}(s)=\frac{2(0.2s+1)(0.1s+1)}{0.2s}\cdot\frac{20}{s(0.2s+1)(0.01s+1)}$$

$$=\frac{200(0.1s+1)}{s^2(0.01s+1)}$$

可见，PID 环节将原控制系统时常数较大的惯性环节的作用抵消了，并提高了相位裕度，增加了系统的稳定性，使系统由 I 型提高到了 II 型，改善了系统的稳态性能。校正前后控制系统的对数频率特性见图 5‑27。

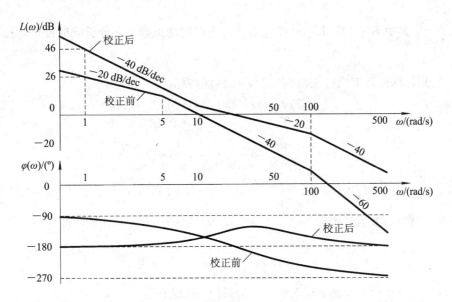

图 5‑27 串联 PID 校正方式对控制系统对数频率特性的影响

由图 5‑27 可大致测得校正前截止频率 $\omega_{\text{c}}\approx10$，校正后截止频率 $\omega_{\text{c}}\approx20$。截止频率的精确值可利用 MATLAB 程序计算获得，校正前开环系统截止频率 $\omega_{\text{c}}=9.37$，相位裕度 $\gamma=22.73°$，闭环系统稳定。校正后截止频率 $\omega_{\text{c}}=21.55$，相位裕度 $\gamma=52.95°$，比校正前增加了 $30.22°$，相位裕度提高了许多。

一般来说，PID 控制器可以兼顾控制系统的动态性能和稳态性能，因此在要求较高的控制场合，多采用 PID 校正方式。

第四节　前馈校正和反馈校正

一、前馈校正

采用串联校正 $G_c(s)$ 时，有时会使闭环传递函数中增加一个新的零点，可能会严重影响闭环系统的动态性能。此时，可考虑在系统的输入端串接一个滤波器 $G_p(s)$，构成前馈校正，以消除新增闭环零点的不利影响。具有这种前馈校正的控制系统结构图见图 5-28。

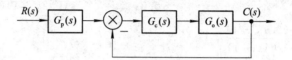

图 5-28　具有前馈校正的控制系统结构图

例 5-6　设图 5-28 中的被控对象的 $G_o(s)=\dfrac{1}{s}$，控制器采用 PI 校正网络 $G_c(s)=K\dfrac{(Ts+1)}{Ts}$，其中 $K=12$，$T=0.125$；$G_p(s)$ 为前馈滤波器，试分析前馈校正对控制系统性能的影响。

解　先计算接入前馈校正前的控制系统性能指标：

$$G_c(s)G_o(s)=K\frac{(Ts+1)}{Ts}\cdot\frac{1}{s}=16\frac{(0.125s+1)}{0.125s^2}=\frac{128s+16}{s^2}$$

$$\Phi(s)=\frac{128s+16}{s^2+128s+16}=\frac{\omega_n^2}{8}\cdot\frac{s+8}{s^2+2\xi\omega_n s+\omega_n^2}$$

可得 $\omega_n=8\sqrt{2}$，$\xi=\sqrt{2}/2$，$t_r=0.07s$，$t_p=0.2s$，$\sigma\%=21\%$，$t_s=0.4s(\Delta=2\%)$。

现设计前馈滤波器来消除系统零点 $s+8$，取 $G_p(s)=\dfrac{8}{s+8}$，计算可得

$$\Phi(s)=\frac{128}{s^2+128s+16}$$

接入前馈校正后，系统变为无零点二阶系统，此时有

$$\beta=\arccos\xi=\frac{\pi}{4}，\quad \omega_d=\omega_n\sqrt{1-\xi^2}=8$$

闭环系统性能指标为

$$t_r=\frac{\pi-\beta}{\omega_d}=0.29s，\quad t_p=\frac{\pi}{\omega_d}=0.39s$$

$$\sigma\%=e^{-\pi\xi/\sqrt{1-\xi^2}}=4.3\%$$

$$t_s=\frac{4}{\xi\omega_n}=0.5s(\Delta=2\%)$$

显然，采用前馈校正后，系统的性能指标得到了改善。

二、反馈校正

反馈校正的控制系统结构图见图 5 - 29。

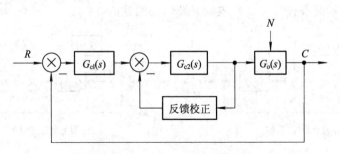

图 5 - 29　反馈校正的控制系统结构图

反馈校正又可分为硬反馈和软反馈两类。

硬反馈校正装置的主体是比例环节，它在控制系统的动态和稳态过程中都起作用。

软反馈校正装置的主体是微分环节，它只在控制系统的动态过程中起作用，稳态时如同开路，不起作用。

例 5 - 7　比例环节的反馈校正。

解　控制系统比例环节的反馈校正见图 5 - 30。

（1）硬反馈校正见图 5 - 30(a)。比例环节 K 接入硬反馈校正 α 后，传递函数为

$$G(s) = \frac{K}{1+\alpha K}$$

硬反馈校正对于那些因增益过大而影响控制系统性能的环节，是一种有效的方法。

（2）软反馈校正见图 5 - 30(b)。比例环节 K 接入软反馈校正 αs 后，传递函数为

$$G(s) = \frac{K}{1+\alpha K s}$$

上式表明，比例环节接入软反馈校正后变成了一个惯性环节，使得系统动态性能变得平缓，稳定性提高。

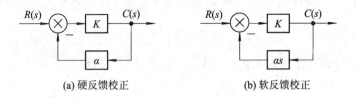

(a) 硬反馈校正　　　　　　　　(b) 软反馈校正

图 5 - 30　比例环节的反馈校正

第五节　复 合 校 正

目前的工程实践中，如地空导弹的制导控制系统中，由于采用一般的校正方式难以满足系统的性能指标要求，因此广泛采用一种把前馈控制和反馈控制有机结合起来的校正方

式，即复合控制校正方式。

一、输入补偿复合校正

采用输入补偿复合校正方式的控制系统结构图见图 5-31。

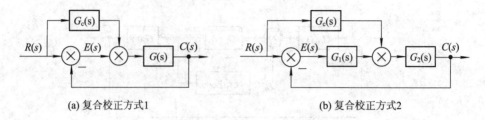

(a) 复合校正方式1　　　　　　(b) 复合校正方式2

图 5-31　采用输入补偿复合校正方式的控制系统结构图

考虑图 5-31(a)，控制系统的输出为

$$C(s) = (R(s)G_c(s) + R(s) - C(s))G(s) \tag{5-14}$$

整理得

$$C(s) = \frac{G_c(s) + 1}{G(s) + 1}G(s)R(s) \tag{5-15}$$

如果要使 $C(s) = R(s)$，实现系统的误差为零，则可选择补偿器的传递函数为

$$G_c(s) = \frac{1}{G(s)} \tag{5-16}$$

这时系统的输出量完全复现输入量。这种误差完全补偿方式称为全补偿，式(5-16)为全补偿条件。

考虑图 5-31(b)，控制系统的输出为

$$C(s) = (R(s)G_c(s) + (R(s) - C(s))G_1(s))G_2(s) \tag{5-17}$$

整理得

$$C(s) = \frac{(G_1(s) + G_c(s))G_2(s)}{1 + G_1(s)G_2(s)}R(s) \tag{5-18}$$

如果要使 $C(s) = R(s)$，实现系统的误差为零，则可选择补偿器的传递函数为

$$G_c(s) = \frac{1}{G_2(s)} \tag{5-19}$$

这时系统的输出量完全复现输入量。这种误差完全补偿方式也是全补偿，式(5-19)为全补偿条件。

二、扰动补偿复合校正

当可以直接或者间接测量作用于控制系统的扰动量时，可以采用扰动补偿复合校正方式。采用扰动补偿的复合控制系统结构图见图 5-32。

扰动作用下控制系统的输出为

$$C_n(s) = \frac{(1 + G_1(s)G_n(s))G_2(s)}{1 + G_1(s)G_2(s)}N(s) \tag{5-20}$$

扰动作用下控制系统的误差为

$$E_n(s) = -C_n(s) = -\frac{(1 + G_1(s)G_n(s))G_2(s)}{1 + G_1(s)G_2(s)}N(s) \tag{5-21}$$

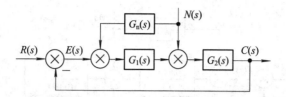

图 5-32　采用扰动补偿的复合控制系统结构图

如果选择补偿器的传递函数为

$$G_n(s) = -\frac{1}{G_1(s)} \tag{5-22}$$

则有 $C_n(s) = 0$ 和 $E_n(s) = 0$。这种补偿也是全补偿，式(5-22)称为对扰动作用全补偿的条件。

在工程实践中，要实现全补偿是比较困难的，但可以实现近似的全补偿，从而大幅度减少扰动误差，改善控制系统的性能。

习　题　5

5-1　校正有哪几种方式？常用校正装置有哪些？

5-2　试分析 PID 控制器在串联校正时的作用。

5-3　何为复合校正？它有哪些优缺点？

5-4　在某雷达天线随动系统的前向通道中串联接入校正网络 $G_c(s)$，见图 5-33。

$$G_c(s) = \frac{0.4s + 1}{0.08s + 1}$$

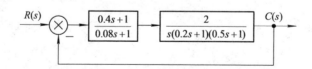

图 5-33　具有串联校正网络的雷达天线随动系统

试计算校正前后的系统相位裕度和幅值裕度，并说明校正对系统动态性能的影响。

5-5　设单位负反馈控制系统的开环传递函数为

$$G_o(s) = \frac{8}{s(2s + 1)}$$

若采用滞后-超前校正装置，则有

$$G_c(s) = \frac{(10s + 1)(2s + 1)}{(100s + 1)(0.2s + 1)}$$

对控制系统进行串联校正，试绘制控制系统校正前后的对数频率渐进特性曲线，并计算控制系统校正前后的相位裕度。

5-6 已知采用扰动补偿的复合控制系统结构图如图5-34所示，若要求控制系统在扰动作用下的稳态误差为零，试确定扰动补偿装置。

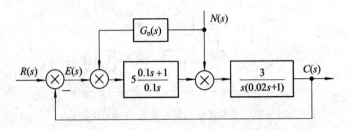

图5-34 采用扰动补偿的复合控制系统结构图

5-7 已知复合校正控制系统结构图如图5-35所示，若要求控制系统在输入斜坡信号时的稳态误差为零，试确定前馈补偿装置。

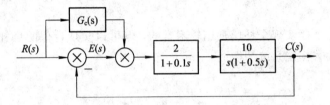

图5-35 复合校正控制系统结构图

第二部分

控制理论基础实验

实验一 典型二阶系统阶跃响应实验

一、实验目的

(1) 掌握二阶系统的传递函数和模拟电路图。
(2) 会用模拟实验方法测试二阶系统动态过程。
(3) 研究二阶系统特征参数(阻尼比和自然频率)对系统动态性能的影响。

二、实验设备

(1) THKKL‐6型实验箱;
(2) DS 1102D 或 DS5022M 数字示波器;
(3) 连接导线若干。

三、实验内容

(1) 观测典型二阶系统在欠阻尼状态、临界阻尼状态和过阻尼状态下的单位阶跃响应曲线。
(2) 固定二阶系统的自然频率值,调节阻尼比,测试典型二阶系统在上述三种工作状态下的动态性能指标。
(3) 固定二阶系统的阻尼比,调节自然频率,观察二阶系统阶跃响应曲线。

四、实验原理

(一) 二阶系统的动态过程

用二阶常系数微分方程描述的系统,称为二阶系统,其标准形式的闭环传递函数为

$$\Phi(s) = \frac{C(s)}{R(s)} = \frac{\omega_n^2}{s^2 + 2\xi\omega_n s + \omega_n^2} \qquad (s1-1)$$

式中,ω_n 为自然频率,ξ 为阻尼比。

系统的闭环特征方程为

$$s^2 + 2\xi\omega_n s + \omega_n^2 = 0$$

系统的特征根为

$$s_{1,2} = -\xi\omega_n \pm \omega_n\sqrt{\xi^2 - 1}$$

针对不同的阻尼比,讨论下列三种情况:

1. 欠阻尼 $0 < \xi < 1$

二阶系统在欠阻尼状态下,$s_{1,2} = -\xi\omega_n \pm j\omega_n\sqrt{1-\xi^2}$,系统有两个复数根,且具有相

同的负实部，系统的单位阶跃响应呈振荡衰减形式，其数学表达式为

$$c(t) = 1 - \frac{1}{\sqrt{1-\xi^2}} e^{-\xi\omega_n t} \sin(\omega_d t + \varphi), \ t \geqslant 0 \qquad (s1-2)$$

式中，$\omega_d = \omega_n \sqrt{1-\xi^2}$ 为阻尼振荡频率，$\varphi = \arccos\xi$。

典型二阶系统单位阶跃响应曲线见图 s1 - 1。

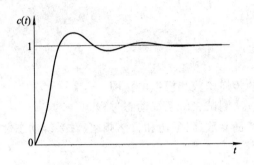

图 s1 - 1　典型二阶系统单位阶跃响应曲线（欠阻尼）

2. 临界阻尼 $\xi = 1$

二阶系统在临界阻尼状态下，$s_{1,2} = -\omega_n$，系统有两个相同的负实根，系统的单位阶跃响应呈单调上升的形式，其数学表达式为

$$c(t) = 1 - e^{-\omega_n t}(1 + \omega_n t) \qquad (s1-3)$$

典型二阶系统单位阶跃响应曲线见图 s1 - 2。

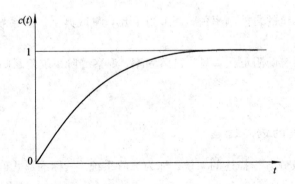

图 s1 - 2　典型二阶系统单位阶跃响应曲线（临界阻尼）

3. 过阻尼 $\xi > 1$

二阶系统在过阻尼状态下，$s_{1,2} = -\zeta\omega_n \pm \omega_n\sqrt{\xi^2-1}$，系统有两个不同的负实根，系统的单位阶跃响应呈单调上升的形式，其数学表达式为

$$c(t) = 1 + \frac{e^{-\frac{1}{T_1}}}{\frac{T_2}{T_1}-1} + \frac{e^{-\frac{1}{T_2}}}{\frac{T_2}{T_1}-1} \qquad (s1-4)$$

其中，$T_1 = \dfrac{1}{\omega_n(\xi-\sqrt{\xi^2-1})}$，$T_2 = \dfrac{1}{\omega_n(\xi+\sqrt{\xi^2-1})}$。

二阶系统单位阶跃响应曲线见图 s1-3。

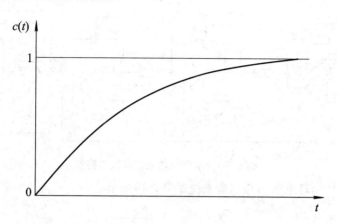

图 s1-3　典型二阶系统单位阶跃响应曲线(过阻尼)

三种情况下二阶系统阶跃响应曲线对比见图 s1-4。

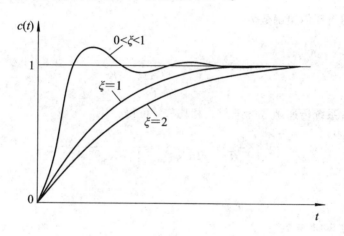

图 s1-4　典型二阶系统阶跃响应曲线

(二) 二阶系统的典型结构及模拟电路

根据相似原理，无论控制系统为何种类型，都可用相同数学模型描述，并采用电子模型对其性能进行分析研究。

典型二阶系统的结构图见图 s1-5。

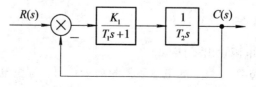

图 s1-5　典型二阶系统结构图

图 s1-5 中，T_1 和 T_2 分别是惯性环节和积分环节的时间常数。

典型二阶系统的模拟电路图(即电子模型)见图 s1-6。

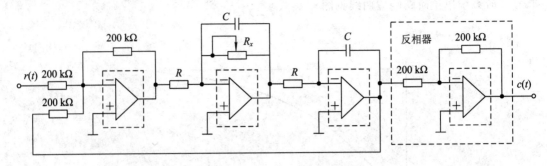

图 s1-6 典型二阶系统模拟电路图

由图 s1-6 所示可求出典型二阶系统的开环传递函数为

$$G(s) = \frac{K}{s(T_1 s + 1)} \qquad (s1-5)$$

式中，$K = \dfrac{K_1}{T_2}$ 为二阶系统的开环增益，$K_1 = \dfrac{R_x}{R}$ 为惯性环节的传递系数，$T_1 = R_x C$，$T_2 = RC$。

二阶系统的闭环传递函数为

$$\Phi(s) = \frac{\dfrac{K}{T_1}}{s^2 + \dfrac{1}{T_1}s + \dfrac{K}{T_1}} \qquad (s1-6)$$

与典型二阶系统传递函数标准形式相比较，可得

$$\omega_n = \sqrt{\frac{K_1}{T_1 T_2}} = \frac{1}{RC}, \quad \xi = \frac{1}{2}\sqrt{\frac{T_2}{K_1 T_1}} = \frac{R}{2R_x} \qquad (s1-7)$$

五、实验步骤

（一）搭建模拟电路

(1) 根据图 s1-6 所示，在 THKKL-6 实验箱上选择通用电路单元设计并搭建模拟电路。电路参考单元见附图 1-1 中的通用单元 1、通用单元 2、通用单元 3、反相器单元及电位器组。

提示：图 s1-6 中，第 4 个放大器构成的单元可用反相器单元实现。

(2) 调整电位器阻值的方法，参见附录一 THKKL-6 实验箱简介部分内容。

(3) 使用"锁零单元"对积分电容进行锁零，方法见附录一。

（二）产生阶跃信号 $r(t)$

(1) 设置直流稳压电源输出+15 V；

(2) 用 THKKL-6 实验箱上的电压表测量阶跃信号，调整电位器使得阶跃信号幅值为 1 V。

（三）观察并记录响应曲线 $c(t)$

(1) 固定自然频率值，改变阻尼比。

如图 s1-6 所示，取 $C=1\mu F$，$R=100k\Omega$，则 $\omega_n=10$。可调电位器 R_x 阻值可调范围为 $0\sim470k\Omega$，系统输入为单位阶跃信号 $r(t)=1V$，在下列几种情况下，观测并记录不同 ξ 值时的系统单位阶跃响应曲线及动态性能指标 $\sigma\%$、t_p 和 t_s，填入表 s1-1 中。

表 s1-1　典型二阶系统阶跃响应实验记录表

项目 \ 参数		$R_x/k\Omega$	K	T_1	T_2	单位阶跃响应曲线	$\sigma\%$		t_p		t_s	
							理论值	测量值	理论值	测量值	理论值	测量值
固定 $\omega_n=10$	欠阻尼 $\xi=0.2$	250										
	欠阻尼 $\xi=0.707$	70.7										
	临界阻尼 $\xi=1$	50										
	过阻尼 $\xi=2$	25										
固定 $\xi=0.2$	$\omega_n=1$	250										
	$\omega_n=10$	250										

① 欠阻尼。

a. 调节电位器 R_x，取 $R_x=250k\Omega$，计算可得 $\xi=0.2$，$\sigma\%=52.66\%$；用示波器可观测到图 s1-7 所示波形。

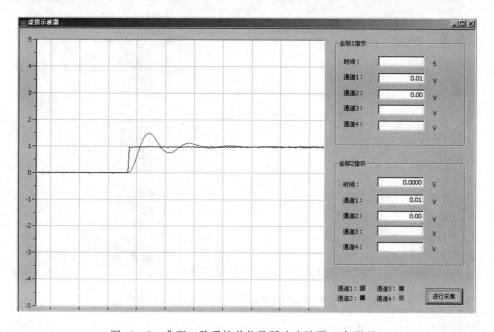

图 s1-7　典型二阶系统单位阶跃响应波形 1(欠阻尼)

b. 调节电位器 R_x，取 $R_x = 70.7\,\text{k}\Omega$，计算可得 $\xi = 0.707$，$\sigma\% = 4.32\%$；用示波器可观测到图 s1-8 所示波形。

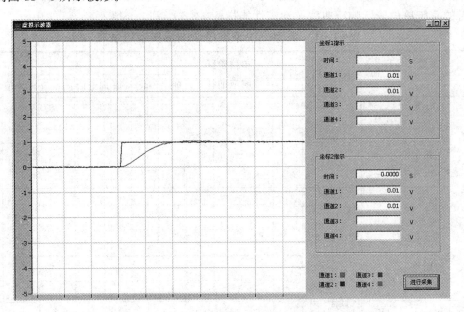

图 s1-8　典型二阶系统单位阶跃响应波形 2（欠阻尼）

② 临界阻尼。

调节电位器 $R_x = 50\,\text{k}\Omega$，计算得 $\xi = 1$，系统处于临界阻尼状态，用示波器可观测到图 s1-9 所示波形。

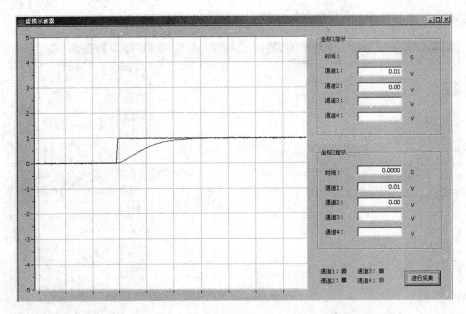

图 s1-9　典型二阶系统单位阶跃响应波形（临界阻尼）

③ 过阻尼。

调节电位器 $R_x = 25\,\text{k}\Omega$，计算可得 $\xi = 2$，系统处于过阻尼状态，用示波器可观测到图

s1-10 所示波形。

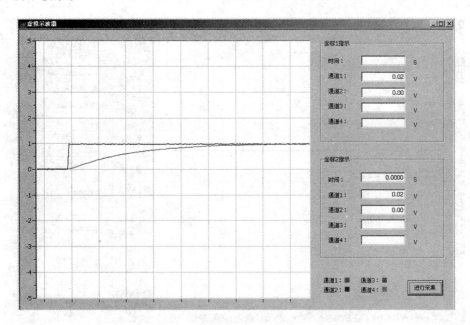

图 s1-10 典型二阶系统单位阶跃响应波形(过阻尼)

(2)固定阻尼比,改变自然频率。

图 s1-6 中,取 $R=100\text{k}\Omega$,$R_x=250\text{k}\Omega$,计算可得 $\xi=0.2$。系统输入为单位阶跃信号 $r(t)=1\text{V}$,在下列几种情况下,观测并记录不同 ω_n 值时的系统单位阶跃响应曲线及动态性能指标 $\sigma\%$、t_p 和 t_s。

① 取 $C=10\mu\text{F}$,计算可得 $\omega_n=1$;用示波器可观测到图 s1-11 所示波形。

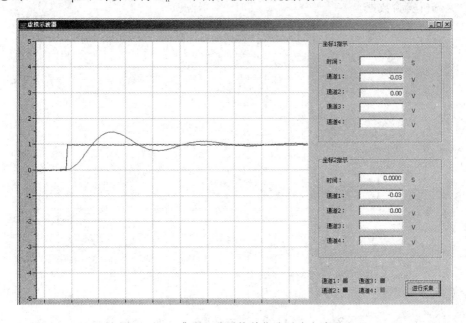

图 s1-11 典型二阶系统单位阶跃响应波形 1

② 取 $C=1\,\mu\text{F}$，计算可得 $\omega_n=10$；用示波器可观测到图 s1 - 12 所示波形。

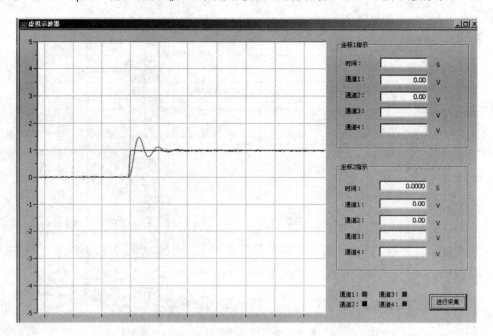

图 s1 - 12　典型二阶系统单位阶跃响应波形 2

六、实验报告

(1) 画出系统的实验电路图，并写出闭环传递函数。

(2) 将理论计算结果与实验所测结果填入实验记录表 s1 - 1 中。

(3) 分析实验数据。

实验二 控制系统性能分析实验

一、实验目的

(1) 研究高阶系统时域和频域分析方法。

(2) 熟悉 MATLAB 软件的使用。

(3) 会应用 MATLAB 软件进行控制系统性能分析。

二、实验设备

(1) 联想计算机；

(2) MATLAB 软件。

三、实验内容

（一）高阶系统动态性能和稳态性能分析

已知单位反馈控制系统的闭环传递函数为

$$\Phi(s) = \frac{10}{s^3 + 12s^2 + 11s + 10} \tag{s2-1}$$

(1) 应用 MATLAB 绘制其单位阶跃响应曲线。

(2) 确定系统的超调量 $\sigma\%$、峰值时间 t_p、调节时间 $t_s(\Delta = 5\%)$、上升时间 t_r（响应由 0 至稳态值）和稳态误差 e_{ss}。

（二）绘制开环幅相频率特性曲线及判定系统稳定性

已知控制系统开环传递函数为

$$G(s)H(s) = \frac{10(s^2 - 2s + 5)}{(s+2)(s-0.5)} \tag{s2-2}$$

(1) 绘制控制系统的开环幅相频率特性曲线（ω 变化范围：$0 \to +\infty$）。

(2) 判定控制系统的闭环稳定性。

（三）绘制开环对数频率特性曲线及确定系统稳定裕度

已知控制系统的开环传递函数为

$$G(s)H(s) = \frac{8\left(\dfrac{s}{0.1} + 1\right)}{s(s^2 + s + 1)\left(\dfrac{s}{2} + 1\right)} \tag{s2-3}$$

（1）绘制控制系统开环对数幅频特性渐近线。

（2）绘制控制系统开环对数频率特性曲线。

（3）确定控制系统的稳定裕度。

四、实验原理

（一）高阶系统的动态过程

由控制系统闭环传递函数

$$\Phi(s) = \frac{C(s)}{R(s)} = \frac{10}{s^3 + 12s^2 + 11s + 10} \qquad (s2-4)$$

可得

$$C(s) = \Phi(s)R(s) = \frac{10}{s^3 + 12s^2 + 11s + 10} \cdot \frac{1}{s} \qquad (s2-5)$$

求 $C(s)$ 的拉氏反变换，可得输出响应表达式，然后可根据定义求得各时域性能指标。这些阶跃响应的时域指标采用手工计算较为复杂，可用 MATLAB 程序计算求得。

（二）绘制开环幅相频率特性曲线及判定系统稳定性

由控制系统开环传递函数

$$G(s)H(s) = \frac{10(s^2 - 2s + 5)}{(s+2)(s-0.5)} \qquad (s2-6)$$

可得控制系统开环幅相频率特性为

$$G(j\omega)H(j\omega) = \frac{10(-\omega^2 - 2j\omega + 5)}{(j\omega + 2)(j\omega - 0.5)} \qquad (s2-7)$$

通过求取开环幅相频率特性曲线的起点、终点和实轴及虚轴的交点，可以概略绘制系统的奈奎斯特图，从而可利用奈氏判据判断闭环系统的稳定性。采用手工计算方法绘制奈奎斯特图较为繁杂，利用 MATLAB 程序可以绘制出精确的奈奎斯特图，从而更加准确地判断闭环系统的稳定性。

（三）绘制开环对数频率特性曲线及确定系统稳定裕度

由控制系统开环传递函数

$$G(s)H(s) = \frac{8(10s+1)}{s(0.5s+1)(s^2+s+1)} \qquad (s2-8)$$

可得控制系统开环对数频率特性为

$$20\lg|G(j\omega)H(j\omega)| = 20\lg\left|\frac{8(10j\omega+1)}{j\omega(0.5j\omega+1)(-\omega^2+j\omega+1)}\right| \qquad (s2-9)$$

通过求取开环对数频率特性曲线的渐近线，可以概略绘制系统的伯德图，从而可利用对数判据判断闭环系统的稳定性，同时可以作出相频特性曲线，并在图上概略求出闭环系统稳定裕度。采用手工计算方法绘制伯德图较为繁杂，利用 MATLAB 程序可以绘制出精确的伯德图，从而更加准确地判断闭环系统的稳定性和求取稳定裕度。

五、实验步骤

（一）高阶控制系统动态性能和稳态性能分析

（1）应用 tf( ) 函数建立高阶控制系统 $\Phi(s) = \dfrac{10}{s^3 + 12s^2 + 11s + 10}$ 的数学模型。

（2）应用 step( ) 函数绘制高阶控制系统单位阶跃响应曲线，即在 MATLAB 命令窗口中输入：

>> S=tf(10,[1 12 11 10]);

>> step(S)

运行后得到的曲线见图 s2 - 1。

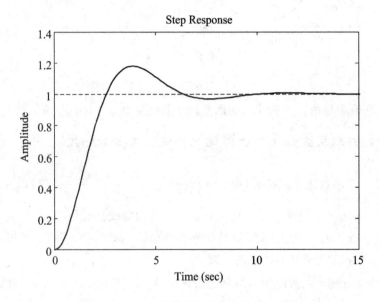

图 s2 - 1 高阶控制系统单位阶跃响应曲线

（3）应用附录二中所述方法，在单位阶跃响应曲线上求取动态性能指标：超调量 $\sigma\%$、峰值时间 t_p、过渡过程时间 t_s、上升时间 t_r 和稳态误差 e_{ss}，并记录结果。

（二）绘制开环幅相频率特性曲线及判定系统稳定性

（1）应用 tf( ) 函数建立系统 $G(s)H(s) = \dfrac{10(s^2 - 2s + 5)}{(s+2)(s-0.5)}$ 的数学模型。

（2）应用 nyquist( ) 函数绘制开环幅相频率特性曲线，即在 MATLAB 命令窗口中输入：

>>G=tf(10*[1 −2 5],[1 1.5 −1]);

>>nyquist(G)

运行后得到的曲线见图 s2 - 2。

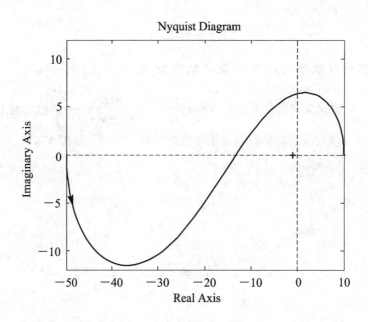

图 s2 - 2　系统的开环幅相频率特性曲线

（3）在开环幅相频率特性曲线上判断系统闭环稳定性，并记录结果。

（三）绘制开环对数频率特性曲线及确定系统稳定裕度

（1）应用 tf( )函数建立系统 $G(s)H(s)=\dfrac{8(10s+1)}{s(0.5s+1)(s^2+s+1)}$ 的数学模型。

（2）应用 bodeasym( )函数绘制系统对数频率特性曲线渐近线。

（3）应用 bode( )函数绘制系统对数频率特性曲线，求出截止频率 ω_c、相位裕度 γ、相角穿越频率 ω_x 和幅值裕度 h，并记录结果。

（4）应用 margin( )函数绘制对数频率特性曲线，求出 ω_c、ω_x、γ、h，并记录结果。

在 MATLAB 命令窗口中输入：

```
>> G=tf(8 * [10 1],conv([0.5 1 0],[1 1 1]));
>> bodeasym(G,'r')
>> hold on
>> bode(G)
>> grid
```

运行后得到系统的对数频率特性曲线见图 s2 - 3。

如果采用 margin( )函数，则在 MATLAB 命令窗口中输入：

```
>> margin(G)
>> grid
```

运行后得到的曲线见图 s2 - 4。

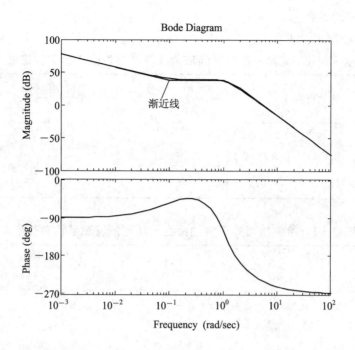

图 s2－3 应用 bode( )函数绘制的对数频率特性曲线

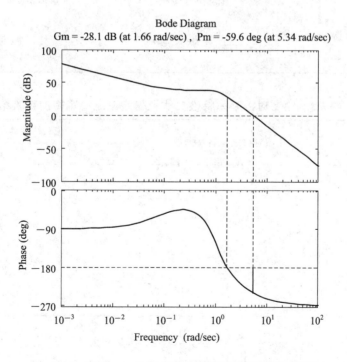

图 s2－4 应用 margin( )函数绘制的对数频率特性曲线

六、实验报告

（1）根据实验内容，将理论计算结果和手工绘制的频率特性曲线与应用 MATLAB 计算的实验结果比较。

（2）根据实验结果完成表 s2 - 1 至表 s2 - 3。

表 s2 - 1　高阶系统阶跃响应曲线及动态性能指标实验结果

单位阶跃响应曲线	性 能 指 标				
	$\sigma\%$	t_r	t_p	t_s	e_{ss}

表 s2 - 2　绘制幅相频率特性曲线及判定系统稳定性实验结果

类型	开环幅相曲线	曲线与负实轴交点情况		闭环系统稳定性
		交点频率 ω_x	实部	
手工绘制				
MATLAB 计算				

表 s2 - 3　绘制对数频率特性曲线及确定系统稳定裕度实验结果

类型	开环对数频率特性曲线	系统频域性能指标			
		ω_c	ω_x	γ	h/dB
手工绘制					
MATLAB 计算					

实验三　控制系统数字仿真实验

一、实验目的

(1) 理解 Simulink 仿真分析实际工程系统的方法。
(2) 会用 Simulink 对雷达天线随动系统进行数字仿真。
(3) 会用 Simulink 对导弹自动驾驶仪进行数字仿真。

二、实验设备

(1) 联想计算机；
(2) MATLAB 软件。

三、实验内容

(一) 雷达天线随动系统数字仿真

天线随动系统结构图见图 s3-1。要求观测系统的单位阶跃响应和单位斜坡响应。

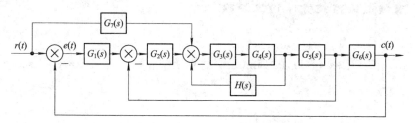

图 s3-1　天线随动系统结构图

(二) 导弹自动驾驶仪数字仿真

导弹滚动稳定回路结构图见图 s3-2。观测系统的阶跃输入响应和阶跃扰动响应。

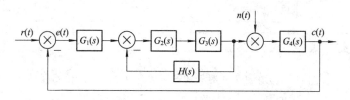

图 s3-2　导弹自动驾驶仪结构图

四、实验原理

数字仿真即计算机仿真,一般要完成"建立系统模型、建立仿真模型和仿真实验"等工作。控制系统的数字仿真,就是要根据控制系统的微分方程、传递函数(或结构图)等数学模型,运用计算机高级语言或 MATLAB/Simulink 编写仿真程序或建立 Simulink 仿真模型,并求出控制系统在典型输入信号作用下的时间响应和误差响应(即仿真结果),据此分析控制系统的性能。

MATLAB 的 Simulink 软件包是用于进行建模、分析和仿真各种动态系统的一种可视化交互平台。通过 Simulink 模块库提供的各类模块,可以快速创建包括线性连续/离散控制系统、非线性控制系统等在内的各类控制系统的仿真模型,进而对系统进行数字仿真。

五、实验步骤

使用 Simulink 软件包进行控制系统数字仿真的一般步骤如下:

第一步:启动 Simulink,创建模型窗口,分别在各模型窗口绘制各类系统的 Simulink 仿真模型。

第二步:双击各传递函数模块,在出现的对话框内设置相应的参数,其中,设置阶跃输入信号的阶跃时间(Step time)为 0,幅值(Final value)为 1。

第三步:点击工具栏按钮"▶"或"simulation│start"命令进行仿真,双击示波器模块观察仿真结果。

(一)天线随动系统数字仿真步骤

(1)建立仿真模型。

天线随动系统(见图 s3-1)的 Simulink 仿真模型分别见图 s3-3 和图 s3-4。

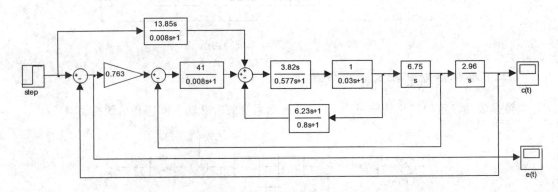

图 s3-3　阶跃输入时天线随动系统的 Simulink 仿真模型

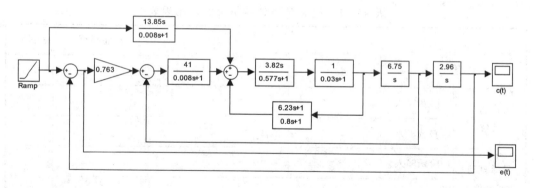

图 s3 - 4　斜坡输入时天线随动系统的 Simulink 仿真模型

（2）仿真运行。

分别在阶跃输入和斜坡输入作用下对系统进行数字仿真，仿真结果见图 s3 - 5（仿真时间取为 2 s）和图 s3 - 6（仿真时间取为 5 s）。

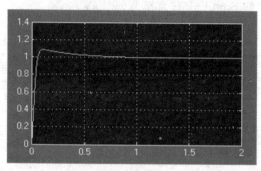

(a) 输出响应曲线

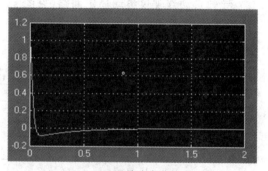

(b) 误差响应曲线

图 s3 - 5　天线随动系统阶跃输入数字仿真结果

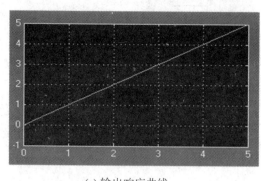

(a) 输出响应曲线

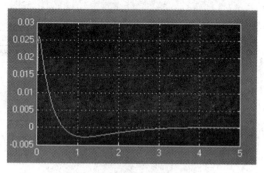

(b) 误差响应曲线

图 s3 - 6　天线随动系统斜坡输入数字仿真结果

（3）记录仿真结果。

将实验结果记录到表 s3 - 1 中。

表 s3-1 控制系统数字仿真实验结果表

类型		$c(t)$曲线	$e(t)$曲线	性能指标			
				$\sigma\%$	t_p/s	t_s/s	e_{ss}
天线随动系统	阶跃输入						
	斜坡输入						
导弹自动驾驶仪	阶跃输入						
	阶跃扰动						

（二）导弹自动驾驶仪数字仿真步骤

（1）建立仿真模型。

导弹自动驾驶仪滚动稳定回路（见图 s3-7）的 Simulink 仿真模型见图 s3-8。

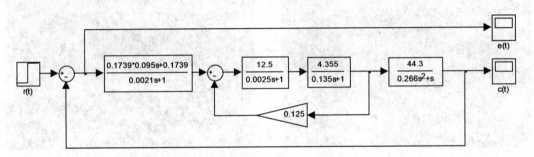

图 s3-7 阶跃输入时导弹自动驾驶仪的 Simulink 仿真模型

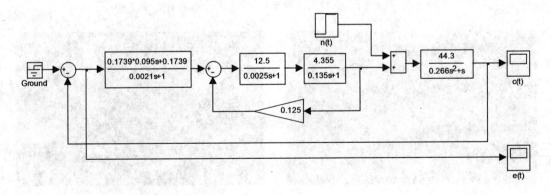

图 s3-8 阶跃扰动时导弹自动驾驶仪的 Simulink 仿真模型

（2）仿真运行。

分别在阶跃输入和阶跃扰动作用下对系统进行数字仿真，仿真结果见图 s3-9 和图 s3-10（仿真时间取为 2 s）。

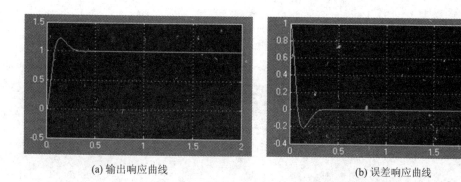

(a) 输出响应曲线　　　　　　　　　　　(b) 误差响应曲线

图 s3 - 9　导弹自动驾驶仪滚动稳定回路阶跃输入数字仿真结果

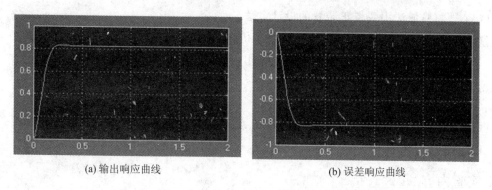

(a) 输出响应曲线　　　　　　　　　　　(b) 误差响应曲线

图 s3 - 10　导弹自动驾驶仪滚动稳定回路阶跃扰动数字仿真结果

（3）记录仿真结果。

将实验结果记录到表 s3 - 1 中。

六、实验报告

（1）画出系统的结构图和仿真模型图。

（2）将实验所测结果记录到实验结果表中。

（3）根据实验结果分析系统的动态性能和稳态性能。

<h1>实验四　控制系统校正设计实验</h1>

一、实验目的

(1) 理解频域法串联校正装置的设计方法。

(2) 会用 Simulink 对控制系统进行数字仿真。

(3) 研究串联校正装置对系统的校正作用。

二、实验设备

(1) 联想启天 M4350 计算机；

(2) MATLAB 软件。

三、实验内容

(1) 串联超前校正系统结构图见图 s4-1。

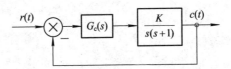

图 s4-1　串联超前校正系统结构图

其中串联超前校正装置 $G_c(s)=\dfrac{aT_a s+1}{T_a s+1}(a>1)$。

(2) 获得校正后系统的性能指标。

要求：系统在单位斜坡输入下的稳态误差 $e_{ss}<1/15\,\text{rad}$，截止频率 $\omega_c'\geqslant7.5\,\text{rad/s}$，相位裕度 $\gamma\geqslant45°$，幅值裕度 $h\geqslant10\,\text{dB}$。

(3) 应用 Simulink 进行数字仿真，观测校正前后系统的单位阶跃响应曲线。

(4) 应用 MATLAB 检验校正后系统是否满足给定性能指标要求，验证设计的正确性。

四、实验原理

控制系统的校正就是在原系统中引入校正装置，使系统整个特性发生变化，以全面满足给定的性能指标要求。根据校正装置在系统中所处位置的不同，可分为串联校正、前馈和反馈校正、复合校正。依据所采用的校正装置特性，串联校正又分为串联超前校正、滞后校正以及滞后-超前校正。

用频域法进行串联校正是通过引入校正装置改善原系统的频率特性，使校正后的系统不仅具有合适的稳定裕度，而且幅频特性在低、中、高频段均具有较理想的形状。由于在频域内进行设计，从而更容易在时域内直观地考察系统性能，故设计效果一般在时域内进行验证。因此，设计和验证是在不同的环境下进行，是一个明显的试凑过程。

使用 Simulink 软件包，通过建立系统的 Simulink 仿真模型，并进行数字仿真，可求出校正前后系统的单位阶跃响应曲线，在时域内观察设计效果，再应用 MATLAB 计算频域指标，对设计结果进行验证，分析比较校正前后系统的动态性能和稳态性能。

五、实验步骤

（一）设计校正装置

采用频域校正方法，确定串联超前校正装置的参数 a、T_a、b 和 T_b 以及开环增益 K。此部分内容在课外完成。

（二）串联超前校正仿真步骤

使用 Simulink 软件包对串联超前校正前后的系统进行数字仿真，仿真模型见图 $s4-2$ 和 $s4-3$。

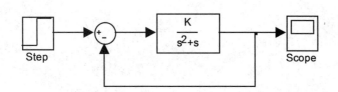

图 $s4-2$　串联超前校正系统的 Simulink 仿真模型（校正前）

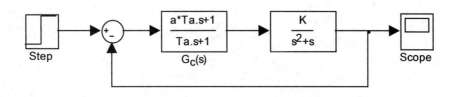

图 $s4-3$　串联超前校正系统的 Simulink 仿真模型（校正后）

（1）创建模型。

启动 Simulink，创建模型窗口，分别在各模型窗口绘制两类系统的 Simulink 仿真模型；双击各传递函数模块，在出现的对话框内设置相应的参数，其中，设置阶跃输入信号的幅度为 1，开始时间为 0。

（2）启动仿真。

点击工具栏按钮"▶"或"simulation｜start"命令进行仿真，双击示波器模块，观测校正前后系统的单位阶跃响应曲线。

（3）性能比较。

应用 MATLAB 确定校正前后系统的相位裕度 γ、幅值裕度 $h(\mathrm{dB})$ 和截止频率 ω_c。

六、实验报告

(1) 画出校正系统的结构图和仿真模型图。

(2) 将实验所测结果记录到实验结果表 s4 - 1 中。

(3) 根据实验结果讨论串联超前校正的作用。

表 s4 - 1　控制系统数字仿真实验结果表

类型		开环传递函数	c(t)曲线	频域性能指标				时域性能指标			
				ω_c	γ	ω_x	h/dB	$\sigma\%$	t_p/s	t_s/s	e_{ss}
串联超前校正	校正前										
	校正后										

附录一　THKKL-6实验箱简介

一、系统概述

THKKL-6型控制理论及计算机控制技术实验箱是结合高等学校教学和实践的需要而精心设计的实验系统，适用于"自动控制原理""计算机控制技术"等课程的实验教学。该实验箱具有实验功能全、资源丰富、使用灵活、接线可靠、操作快捷、维护简单等优点。

实验箱面板见附图1-1，硬件部分主要由直流稳压电源、低频信号发生器、阶跃信号发生器、交/直流数字电压表、电阻测量单元、示波器接口、51单片机CPU模块、单片机接口、步进电机单元、直流电机单元、温度控制单元、通用单元电路、电位器组等组成。

附图1-1　THKKL-6实验箱面

数据采集部分采用USB2.0接口，它可连接插在IBM-PC/AT或与之兼容的计算机USB通信口上，有4路单端A/D模拟量输入，转换精度为12位，2路D/A模拟量输出，转换精度为12位。上位机软件则集中了虚拟示波器、信号发生器、Bode图等多种功能于一体。

在实验设计上，既有连续部分的实验，又有离散部分实验；既有经典控制理论实验，又有现代控制理论实验。除常规的实验外，还增加了模糊控制、神经网络控制等实验。

二、性能特点

"THKKL-6"型控制理论及计算机控制技术实验箱具有如下特点：

（1）系统使用自锁镀金大孔，确保实验连接可靠及实验结果的正确性。

（2）采用模块式结构，可构造出各种形式和阶次的模拟环节和控制系统。标准实验部分只需连接导线即可，直观且简化了实验操作和设备管理。扩充环节可以灵活搭建多种不同参数的系统。

（3）实验系统自带多种信号源，足以满足实验的要求。

（4）系统集成软件提供的虚拟示波器功能可实时、清晰地观察控制系统各项静态、动态特性，方便了对模拟控制系统的研究。

（5）系统配备了单片机接口、步进电机单元、直流电机单元、温度控制单元、通用单元电路、电位器组等控制对象，可开展控制系统课程的实验。

（6）使用微机为控制平台，结合功能强大的上位机软件，可进行多种计算机控制技术实验教学。该系统还可扩展支持如线性系统、最优控制、系统辨识及计算机控制等现代控制理论的模拟实验研究。

三、组成及使用

1. 直流稳压电源

直流稳压电源位于实验箱面板左下角，主要用于给实验箱提供电源，有+5 V/0.5 A、±15 V/0.5 A及+24 V/2.0 A共4路，每路均有短路保护自恢复功能。它们的开关分别由相关的钮子开关控制，并由相应发光二极管指示。其中+24 V主要用于温度控制单元。

实验前，启动实验箱左侧的电源总开关，并根据需要将+5 V、±15 V、+24 V钮子开关拨到"开"的位置。

实验时，通过2号实验导线将直流电压接到需要的位置。

2. 低频信号发生器

低频信号发生器位于实验箱面板右下角，主要输出正弦信号、方波信号、斜坡信号和抛物线信号等4种波形信号。输出频率由上位机设置，频率范围0.1～100 Hz。可以通过幅度调节电位器来调节各个波形的幅度，而斜坡信号和抛物线信号还可以通过斜率调节电位器来改变波形的斜率。

3. 锁零按钮

锁零按钮用于实验前运放单元中电容器的放电。使用时，用2号实验导线将对应的接线柱与运算放大器的输出端连接。当按下按钮时，通用单元中的场效应管处于短路状态，电容器放电，使电容器两端的初始电压为0 V；当按钮复位时，通用单元中的场效应管处于开路状态，此时可以开始实验。

4. 阶跃信号发生器

阶跃信号发生器主要提供实验时的给定阶跃信号，其输出电压范围约为-15～+15 V，正负挡连续可调。使用时根据需要可选择正输出或负输出，具体通过阶跃信号发生器单元的钮子开关来实现。当按下自锁按钮时，单元的输出端输出一个可调的阶跃信号

（当输出电压为 1 V 时，即为单位阶跃信号），实验开始；当按钮复位时，单元的输出端输出电压为 0 V。

注：阶跃信号发生器单元的输出电压可通过实验箱上的直流数字电压表进行测量。

5. 电阻测量单元

电阻测量单元可以通过输出的电压值来测得未知的电阻值，在实验时可以方便地设置该单元的电位器的阻值。当钮子开关拨到 ×10 k 位置时，所测量的电阻值等于输出的电压值乘以 10，单位为 kΩ。当钮子开关拨到 ×100 k 位置时，所测量的电阻值等于输出的电压值乘以 100，单位为 kΩ。也可用三用表来测量电阻值。

注：为了得到一个较准确的电阻值，应该选择适当的挡位，尽量保证输出的电压与 1 V 更接近。

6. 交/直流数字电压表

交/直流数字电压表有 3 个量程，分别为 200 mV、2 V、20 V。当自锁开关未按下时，它可作为直流电压表使用，这时可用于测量直流电压；当自锁开关按下时，它可作为交流毫伏表使用。它具有频带宽（10 Hz～400 kHz）、精度高（1 kHz 时为 ±5%）以及真有效值测量的特点，即使测量窄脉冲信号，也能测得其精确的有效值，其适用的波峰因数范围可达到 10。

7. 通用单元电路

通用单元电路有通用单元 1～通用单元 6、反相器单元和系统能控性与能观性分析单元等。这些单元主要由运算放大器、电容、电阻、电位器和一些自由布线区等组成。通过不同的接线，可以模拟各种受控对象的数学模型，主要用于比例、积分、微分、惯性等电路环节的构造，一般为反向端输入，其中电阻多为常用阻值 51 kΩ、100 kΩ、200 kΩ 及 510 kΩ，电容多在反馈端，容值为 0.1 μF、1 μF 及 10 μF。

以组建积分环节为例，积分环节的时间常数为 1 s。首先确定带运放的单元，且其前后的元器件分别为 100 kΩ 电阻、10 μF 电容（T＝100 kΩ×10 μF＝1 s），通过观察通用单元 1 可满足要求，然后将 100 kΩ 和 10 μF 通过实验导线连接起来。

实验前先按下锁零按钮对电容放电，然后用 2 号实验导线将单位阶跃信号输出端接到积分电路的输入端，积分电路的输出端接至反相器单元，保证输入、输出方向的一致性；最后按下锁零按钮和阶跃信号输出按钮，用示波器观察输出曲线。其具体电路见附图 1-2。

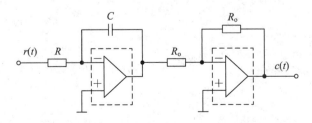

附图 1-2　通用单元电路

8. 非线性单元

非线性单元含有两个单向二极管，并且需要外加±15 V 直流电源，可分析非线性环节的静态特性和非线性系统。其中 10 kΩ 电位器由电位器组单元提供。使用电位器时，可由 2 号实验导线将电位器引出端接入相应电路中。

在实验前必须先断开电位器与电路的连线，使用万用表测量所需 R 的阻值，然后再接入电路中。

9. 采样保持器

采样保持器采用采样-保持器组件 LF398，其具有将连续信号离散后再由零阶保持器输出的功能，其采样频率由外接的方波信号频率决定。使用时只要接入外部的方波信号及输入信号即可。

10. 单片机控制单元

单片机控制单元主要用于计算机控制实验部分，其作用为执行计算机控制算法，主要由单片机(AT89S52)、AD 采集(AD7323，4 路 12 位，电压范围：−10～＋10 V)和 DA 输出(LTC1446，2 路 12 位，电压范围：−10～＋10 V)3 个部分组成。发光二极管可显示 AD 转换结果(由具体程序而定)。

11. 实物实验单元

实物实验单元包括温度控制单元、直流电机单元和步进电机单元，主要用于计算机控制技术相关实验。

12. 数据采集卡

数据采集卡由 ADUC7021 和 CY68013 芯片组成，支持 4 路 AD(−10～＋10 V)采集，2 路 DA(−10～＋10 V)输出。其采样频率为 40 kHz，转换精度为 12 位，配合上位机可实现常规信号采集显示、模拟量输出、频率特性分析等功能。

四、注意事项

(1) 每次连接线路前要关闭电源总开关。

(2) 按照实验指导书连接好线路后，仔细检查线路是否连接正确及电源有无接反。确认无误后方可接通电源开始实验。

附录二　DS 5022M 示波器使用说明

一、功能及特点

DS 5022M 示波器为输入双通道加一个外触发输入通道的单色液晶显示数字存储示波器，其带宽为 25 MHz，采用 250 MSa/s 的实时采样和 50 GSa/s 的等效采样、4 K 的存储深度、2 mV～5 V 的垂直灵敏度、1 ns/div～50 s/div 的时基范围以及边沿、视频和脉宽触发方式；嵌入了数字滤波、失败检测、波形录制、FFT 频谱分析等独特功能。DS 5022M 示波器的外形见附图 2-1，面板及功能见附图 2-2。

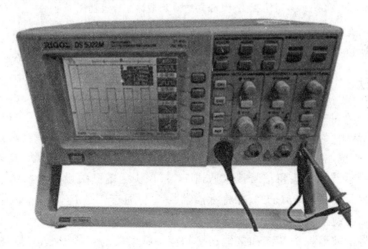

附图 2-1　DS 5022M 示波器外形图

DS 5022M 示波器具有如下特点：

（1）单次采样 250 MSa/s，等效采样率更高达 50 GSa/s。

（2）双通道，每通道带宽 25 MHz。

（3）每通道具备 4 K 的深度存储器，赋予更大的数据吞吐能力。

（4）垂直灵敏度 2 mV/div～5 V/div，时基范围 1 ns/div～50 s/div。

（5）10 组波形、10 组设置存储和再现。

（6）20 种自动测量功能。

（7）波形处理功能，加、减、乘、除、反相的波形数学运算功能。

（8）边沿、视频、脉宽和延迟多种触发方式。

（9）内嵌数字滤波、失败检测、波形录制等多种功能。

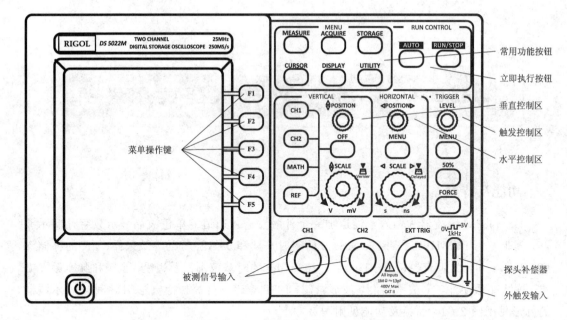

附图 2-2　DS 5022M 示波器面板及功能

（10）多种语言菜单显示。

（11）内嵌 USB 接口，可选的 GPIB、RS232 通信模块，失败检测模块。

二、使用方法

（1）打开电源，显示屏会首先显示产品型号，此时在显示屏的下方会出现一行英文提示"Play any key to continue⋯"，按照提示按下任意一个操作按钮，就会跳过此显示。

（2）功能检查。对示波器进行快速功能检查，以核实仪器运行正常。具体步骤如下：

步骤 1：用示波器探头将信号接入通道 1，将探头上的开关设定为×10 挡（即探头衰减系数为 10∶1）（见附图 2-3(a)），并将示波器探头与通道 1 连接。将探头连接器上的插槽对准 CH1 同轴电缆插接件（BNC）上的插口并插入，然后向右旋转以拧紧探头。

步骤 2：将示波器探头端部和接地夹接到探头补偿器的连接器上（见附图 2-3(b)），按下示波器操作面板上的"AUTO"（自动设置）按钮，几秒钟内，在示波器上可见到显示的方波（1 kHz，约 3 V，峰到峰）。

步骤 3：以同样的方法检查通道 2。按下示波器操作面板上的"OFF"（关闭菜单）功能按钮以关闭通道 1，按下"CH2"功能按钮以打开通道 2，重复步骤 2 和步骤 3。

（3）自动测量波形参数。DS 5022M 示波器具有自动测量功能，可根据输入信号自动调整电压倍率、时基以及触发方式至最好形态显示。以通道 1 为例，波形的测量步骤如下：

① 将示波器的探头衰减系数设定为×10，并将探头上的开关设定为×10 挡；

② 将通道 1 的探头连接至电路被测点；

③ 按下"AUTO"按钮。

示波器将自动设置垂直、水平和触发控制，使波形显示达到最佳。在此基础上，还可以进一步调节垂直、水平挡位，直至波形的显示符合要求。

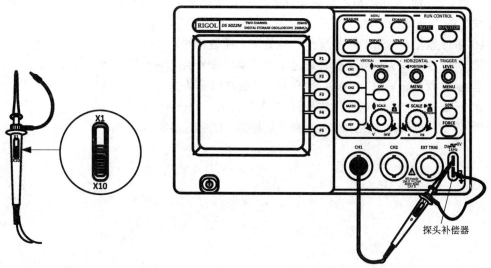

(a) 设置示波器探头衰减系数   (b) 功能检查时示波器探头的连接

附图 2 - 3　DS 5022M 示波器面板及功能

注意：

① 应用自动测量功能时，要求被测信号的频率不小于 50 Hz，占空比大于 1%。

② 自动测量时，示波器自动选择水平通道和垂直通道的量程，一般应再调节水平控制及垂直控制旋钮，以便观察显示的波形。

③ 对于非周期信号（如单位阶跃响应），不能采用自动测量方法，只能按照下面介绍的手动测量方法进行测量。

（4）手动测量波形参数，操作步骤如下：

① 将示波器的探头衰减系数及通过示波器菜单设置的衰减系数均为"×1"挡。

② 按下"RUN/STOP"（运行/停止）按钮，运行系统。

③ 调整示波器的坐标量程，直至调整出合适的曲线波形。具体方法是：

旋转"◁SCALAE▷"旋钮，将时间（横）轴量程调整为 200 ms；

旋转"◊SCALAE"旋钮，将电压（纵）轴量程调整为 2 V。

量程选择正确后，示波器保持扫描（Scan）状态，显示输出波形。

（5）按下"RUN/STOP"按钮，使输出波形静止，调节水平挡位"◁Position▷"和垂直挡位"◊Position"，将曲线初始段选在合适的位置上，便于观察测量。

（6）开始测量。测量步骤如下：

步骤 1：按下"CH1"（或"CH2"）按钮，选择"直流耦合"方式。

步骤 2：按下"CURSOR"（光标测量）按钮，选择"手动"，再分别选择"电压测量"（测量阶跃响应最大值和稳态值）和"时间测量"（测量时间响应指标）。其中：

电压测量：测量相对值 ΔU。

时间测量：测量相对值 Δt。

同时，可应用垂直挡位"◊Position"旋钮和水平挡位"◁Position▷"旋钮，配合测量。

（7）测量的消除。直接按下垂直控制区菜单取消按钮，即可消除当前的测量值。

注意：使用示波器测量系统的单位阶跃响应波形时，若示波器显示不正常，应重点检查示波器的以下设置：

① 示波器显示的信源选择应与信号的输入通道相同。

② 示波器的探头衰减系数及通过示波器菜单设置衰减系数均为"×1"挡。

③ 示波器不能采用"自动测量"方式，只能使用手动方式。

④ 示波器为"直流"耦合形式（通过菜单设置）。

⑤ 适当调节示波器的水平控制和垂直控制，便于观察所显示的波形。

附录三　虚拟示波器简介

THKKL 型实验箱上位机软件的虚拟示波器是配合 THKKL‐6 实验箱使用的，可通过与数据采集设备配合来完成信号的采集和信号的输出功能。下面介绍虚拟示波器使用步骤。

一、设备连接

应用 USB 接口线将 THKKL 型实验箱与计算机相连接(已安装好上位机软件)。

二、启动

点击上位机软件图标"📈"，运行软件。软件启动界面见附图 3‐1。

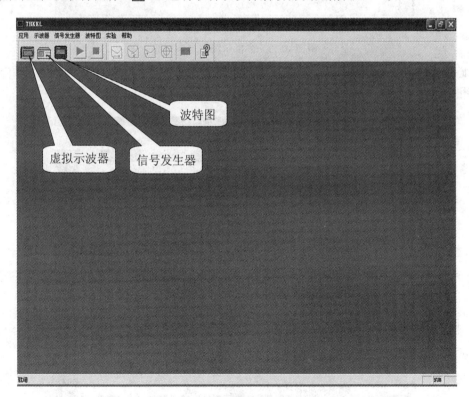

附图 3‐1　上位机软件启动界面

由附图 3‐1 可知，上位机软件的功能窗口有：虚拟示波器、信号发生器和波特图。用鼠标点击图中的指示图标，即可打开这些功能窗口。

三、打开虚拟示波器

点击附图 3-1 中自左至右的第一个功能窗口"▨",即可打开虚拟示波器界面,见附图 3-2。

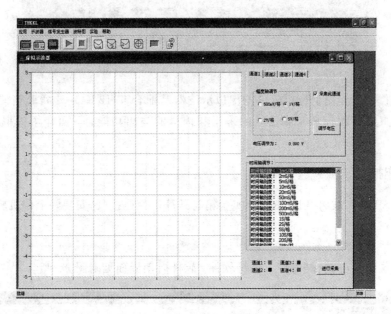

附图 3-2　虚拟示波器窗口界面

虚拟示波器可同时观察四个通道,在观察过程中可以进行"时间轴"和"幅度轴"调节,见附图 3-3。

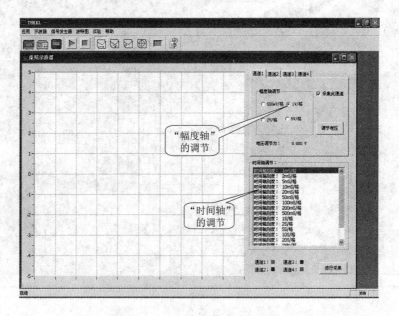

附图 3-3　时间轴和幅度轴调节

此外,虚拟示波器有四种观察模式,分别是正常模式、示波器模式、同步模式、李沙育图形模式，见附图 3-4。

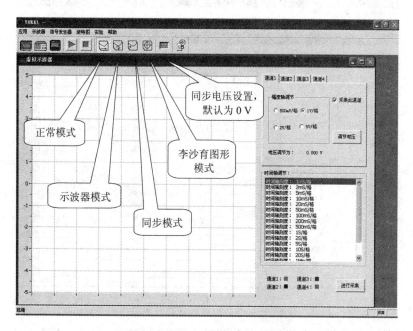

附图 3-4　虚拟示波器四种观察模式

四、观察与测量

根据需要设置好所需功能后，点击"进行采集"按钮，即可进行数据的观察与测量，见附图 3-5 和附图 3-6。

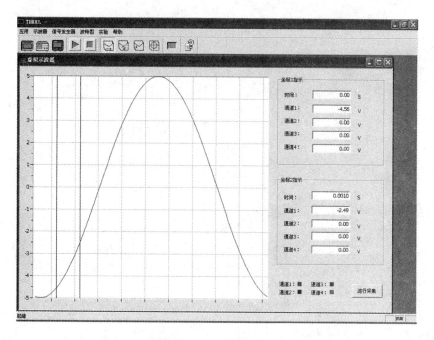

附图 3-5　信号采集

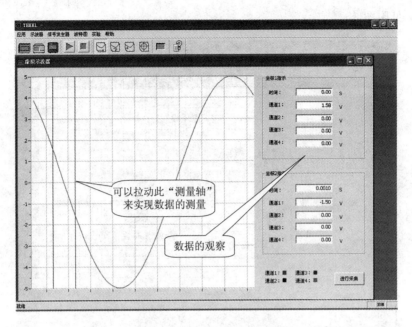

附图 3－6　数据的观察与测量

在观察过程中，如果需要进行信号的测量或停止观察，点击"停止采集"按钮。

附录四　MATLAB/Simulink 简介

一、启动与运行

（一）启动与退出

用鼠标左键双击电脑桌面上 MATLAB 图标"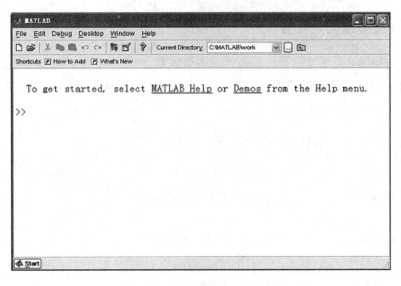"，即可启动 MATLAB，MATLAB 命令窗口见附图 4 - 1。MATLAB 命令窗口是用户与 MATLAB 进行人机对话的最主要环境。在该窗口内，可输入各种由 MATLAB 运行的命令（包括函数、表达式等），显示除图形外的所有运算结果。

MATLAB 的退出方法较多，例如，用鼠标左键单击附图 4 - 1 所示命令窗口中右上角的关闭按钮"✕"，或者用鼠标左键在 MATLAB 命令窗口菜单中选择"File"中的"Exit MATLAB"，还可以在 MALTAB 命令窗口中键入下列命令后回车：

　　　　>> exit

都可退出 MATLAB。

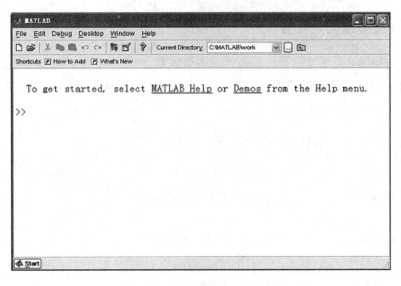

附图 4 - 1　MATLAB 命令窗口

（二）运行方式

MATLAB 命令是应用 MATLAB 的基础，命令行方式是 MATLAB 的主要运行方式。

用户可以通过在 MATLAB 命令窗口中输入命令行来实现计算或绘图功能。在 MATLAB 命令窗口内，">>"为命令输入提示符，由 MATLAB 自动生成，表示 MATLAB 处于准备状态。当在提示符后输入一段正确的命令后，只需按"Enter"按钮，命令窗口中就会直接显示除图形外的所有运行结果。

附例 4-1 已知矩阵

$$A = \begin{bmatrix} 5 & 6 \\ 7 & 8 \end{bmatrix}, B = \begin{bmatrix} 1 & 2 \\ 3 & 4 \end{bmatrix}$$

完成矩阵求和运算 $A + B$。

解 在 MATLAB 命令窗口输入下述命令行：

>> A=[5 6;7 8];
>> B=[1 2;3 4];
>> C=A+B

每输入一行，都按下"Enter"按钮，该命令被执行。执行命令后，在 MATLAB 命令窗口将显示下述计算结果：

C =

 6 8

 10 12

说明：MATLAB 矩阵元素用空格或逗号（"，"）分隔，矩阵行用分号"；"隔离，整个矩阵放在中括号"[ ]"里，且所有标点符一定要在西文状态下输入。

二、基于 MATLAB 的控制系统辅助建模与分析

（一）建立传递函数模型

应用 MATLAB 可建立两种形式的传递函数模型。

1. 多项式之比形式传递函数

多项式之比形式传递函数由下式表示：

$$G(s) = \frac{b_0 s^m + b_1 s^{m-1} + \cdots + b_{m-1}s + b_m}{a_0 s^n + a_1 s^{n-1} + \cdots + a_{n-1}s + a_n} \tag{附 4-1}$$

用 MATLAB 描述上述传递函数模型时，只需将其分子多项式系数和分母多项式系数分别用向量 num 和 den 表示，向量各元素之间用空格或逗号隔开，即

 num=[b0 b1 ⋯ bm-1 bm]

 den=[a0 a1 ⋯ an-1 an]

或

 num=[b0, b1, ⋯, bm-1, bm]

 den=[a0, a1, ⋯, an-1, an]

接着，再使用 MATLAB 函数 tf()，即可建立其传递函数。函数 tf() 的调用格式如下：

 G=tf(num,den)

其中，G 即为所求用 MATLAB 描述的传递函数模型。

附例 4 - 2 已知控制系统的传递函数为

$$G(s) = \frac{s^2 + 3s + 2}{s^3 + 5s^2 + 7s + 3}$$

试用 MATLAB 建立其传递函数模型。

解 在 MATLAB 命令窗口输入：

  >> num=[1 3 2];   %分子多项式

  >> den=[1 5 7 3];   %分母多项式

  >> G=tf(num, den)   %建立传递函数

运行结果为

Transfer function：

  s^2+3s+2

———————————————————

  s^3+5s^2+7s+3

说明：符号"%"为 MATLAB 的注释语句标点符。

2. 零极点增益形式传递函数

零极点增益形式传递函数如下：

$$G(s) = K^* \frac{(s-z_1)(s-z_2)\cdots(s-z_m)}{(s-p_1)(s-p_2)\cdots(s-p_n)} \qquad (\text{附 } 4-2)$$

在 MATLAB 中，控制系统传递函数的零点和极点分别可用零点向量 z 和极点向量 p 表示，即

  z=[z1 z2 … zm]

  p=[p1 p2 … pn]

或

  z=[z1, z2, …, zm]

  p=[p1, p2, …, pn]

使用 MATLAB 函数 $zpk()$，即可建立控制系统零极点增益形式的传递函数模型，其调用格式如下：

  G=zpk(z, p, k)

其中，z、p、k 分别对应零极点增益形式传递函数的零点向量、极点向量和根轨迹增益。

附例 4 - 3 已知控制系统的传递函数为

$$G(s) = \frac{10(s+1)}{s(s+2)(s+5)}$$

试用 MATLAB 建立其传递函数模型。

解 在 MATLAB 命令窗口输入：

  >> z=[-1];   %零点向量

  >> p=[0 -2 -5];   %极点向量

  >> k=10;   %根轨迹增益

  >> G=zpk(z,p,k)   %建立传递函数

运行结果为

Zero/pole/gain：

$$\frac{10\,(s+1)}{s\,(s+2)\,(s+5)}$$

（二）绘制单位阶跃响应曲线

应用 MATLAB 的 step() 函数可绘制控制系统的单位阶跃响应曲线，并确定其动态性能指标，其调用格式如下：

step(G)

[y,t]＝step(G)

附例 4-4 已知控制系统的传递函数为

$$\Phi(s)=\frac{C(s)}{R(s)}=\frac{s^2+2s+4}{s^3+10s^2+5s+4}$$

应用 MATLAB 绘制单位阶跃响应曲线，并确定动态性能指标。

解 （1）绘制单位阶跃响应。

在 MATLAB 命令窗口中输入：

```
>> num＝[1 2 4];                %分子多项式
>> den＝[1 10 5 4];             %分母多项式
>> Phi＝tf(num,den);           %建立名称为 Phi 的传递函数模型
>> step(Phi);                   %绘制单位阶跃响应曲线
>> title('单位阶跃响应曲线')   %对曲线添加标题
>> xlabel('t')                  %对时间轴(x 轴)添加标注
>> ylabel('c(t)')               %对幅值轴(y 轴)添加标注
```

运行后得到的系统单位阶跃响应曲线见附图 4-2。

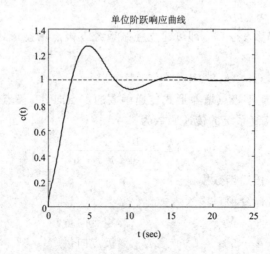

附图 4-2 系统单位阶跃响应曲线

上述输入中，如果将单位阶跃响应的求取函数更改为

$$[y, t] = step(Phi)$$

并省略最后 3 行对图形属性的操作，则此时只在 MATLAB 命令窗口中得到以列向量形式显示的时间响应的数据值，而不绘制曲线。请读者自己完成，并比较两种情况下得到的结果。

（2）确定动态性能指标。

在附图 4-2 中单击鼠标右键，弹出如附图 4-3 所示菜单。其中，"Characteristics"内容包括"Peak Response"（峰值响应，包括最大值（Peak amplitude）、超调量（Overshoot）和峰值时间 t_p（At time））、"Settling Time"（调节时间 t_s）、"Rise Time"（上升时间 t_r）以及"Steady State"（稳态值）。

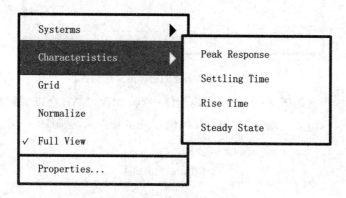

附图 4-3　单位阶跃响应曲线菜单

单击鼠标左键可选定在曲线中显示一个或多个参数（以符号"√"表示），并在响应曲线中以"•"标示。将光标移动至该"•"点稍等片刻，就会显示该参数值，见附图 4-4，据此可确定系统单位阶跃响应的峰值时间 t_p 为 4.87s，超调量为 26.5%。

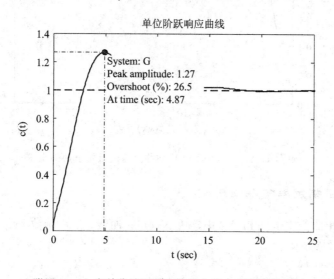

附图 4-4　在单位阶跃响应曲线上确定动态性能指标

选择附图 4-3 所示菜单中最后一项"Properties..."，弹出如附图 4-5 所示对话框，

图中已经标识误差带和上升时间的定义，可直接输入需要更改的数值。

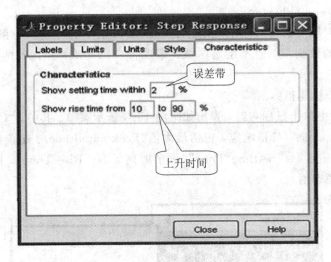

附图 4 - 5　动态性能指标定义的更改

此外，用鼠标单击附图 4 - 2 所示曲线上任一点，MATLAB 会以"■"标识出曲线上的相应点，同时会显示该点的时间（Time）及幅值（Amplitude），见附图 4 - 6。

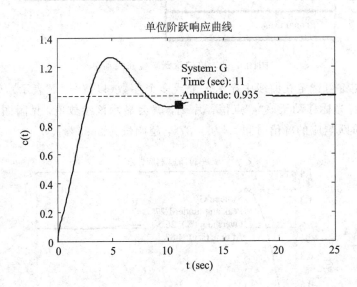

附图 4 - 6　单位阶跃响应曲线上时间及幅值的确定

（三）绘制幅相频率特性曲线

控制系统幅相曲线在 MATLAB 中称为 Nyquist 曲线，使用函数 nyquist()可以方便地绘制此类曲线，其常用格式为

　　　nyquist(G)

附例 4 - 5　已知控制系统的开环传递函数为

$$G(s) = \frac{2s^2 + 5s + 1}{s^2 + 2s + 3}$$

试用 MATLAB 绘制其开环幅相曲线。

  解 在 MATLAB 命令窗口输入：

   >> num=[2 5 1];

   >> den=[1 2 3];

   >> G=tf(num,den);

   >> nyquist(G)

运行后得到的开环幅相曲线如附图 4-7 所示。

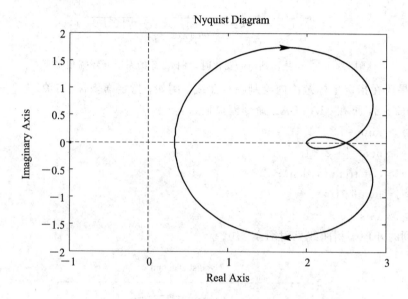

附图 4-7　系统的开环幅相曲线

  说明：① 应用函数 nyquist( )绘制的幅相曲线，其频率 ω 默认的取值范围是从 $-\infty$ 到 $+\infty$。若只需得到 ω 从 0 到 $+\infty$ 变化时的幅相曲线，可在附图 4-7 所示开环幅相曲线的空白处单击鼠标右键，弹出如附图 4-8 所示菜单，去掉菜单"Show | Negative Frequencies"的选中标记"√"，则附图 4-8 即变为附图 4-9。

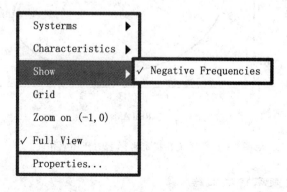

附图 4-8　MATLAB 幅相曲线(Nyquist 曲线)设置菜单

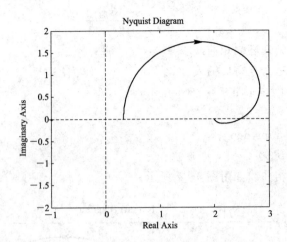

附图 4-9 ω 从 0 到 +∞ 变化时附例 4-5 的系统开环幅相曲线

② 如果要在指定坐标范围内绘制幅相曲线，例如，指定横坐标（实轴）为 0～3，纵坐标（虚轴）为 -2～2，可在 MATLAB 命令窗口输入：

>> num=[2 5 1];

>> den=[1 2 3];

>> G=tf(num,den);

>> nyquist(G)

>> axis([0 3 -2 2])

运行后得到的开环幅相曲线见附图 4-10。

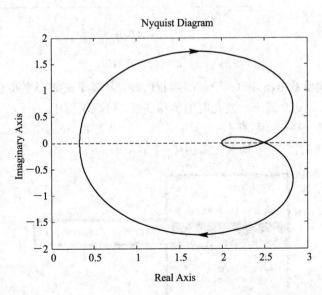

附图 4-10 系统在指定坐标上的开环幅相曲线

（四）绘制对数频率特性曲线

对数频率特性曲线在 MATLAB 中称为 Bode 图，使用函数 bode( ) 可以方便地绘制此

类曲线，其常用格式为

  bode(G)   %绘制 G 的 Bode 图

  bode(G，w)   %绘制 G 的 Bode 图，频率范围由 w 向量给定

使用函数 bodeasym( )，还可以非常方便地绘制对数幅频特性渐近线，其调用格式为

  Bodeasym(G)   %绘制 G 的对数幅频特性渐近线

  Bodeasym(G，PlotStr)   %绘制 G 的对数幅频特性渐近线，字符串 PlotStr 用

             于定义曲线的属性

附例 4-6 已知单位反馈控制系统的开环传递函数为

$$G(s) = \frac{s^2 + 0.1s + 7.5}{s^2(s^2 + 0.12s + 9)}$$

试用 MATLAB 绘制其开环对数频率特性曲线。

 解 在 MATLAB 命令窗口输入

  >> num=[0 0 1 0.1 7.5];

  >> den=[1 0.12 9 0 0];

  >> G=tf(num,den);

  >> bode(G)   %绘制对数频率特性曲线

  >> grid   %添加对数坐标网格线

运行后得到的开环对数频率特性曲线见附图 4-11，图中的频率范围从 1～10 rad/sec，是自动确定的。

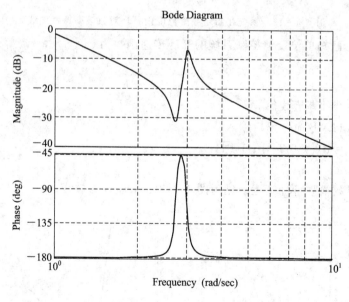

附图 4-11　附例 4-6 系统开环对数频率特性曲线

  如果希望在 0.1rad/sec～100rad/sec 的频率范围内绘制例 4-6 的开环对数频率特性曲线，则在 MATLAB 命令窗口输入

  >> num=[0 0 1 0.1 7.5];

  >> den=[1 0.12 9 0 0];

```
>> G=tf(num,den);
>> w=logspace(-1,2,100);        % 生成由 100 个等距离点构成、频率范围为
                                   10^{-1}～10^2 的对数分度向量；
>> bode(G, w);
>> grid
```

运行后得到的开环对数频率特性曲线见附图 4-12。

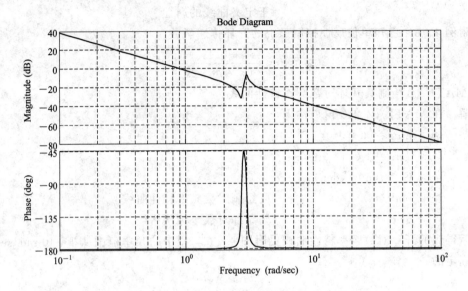

附图 4-12 系统在给定频率范围内开环对数频率特性曲线

附例 4-7 已知单位反馈控制系统的开环传递函数为

$$G(s) = \frac{s^2 + 3}{s^2 + s + 1}$$

绘制其对数幅频特性渐近线。

解 在 MATLAB 命令窗口输入：

```
>> G=tf([1 0 3],[1 1 1]);
>> bodeasym(G)
```

运行后得到的对数幅频特性渐近线见附图 4-13(a)，曲线为虚线。

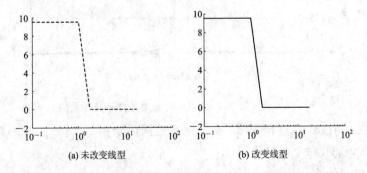

(a) 未改变线型   (b) 改变线型

附图 4-13 系统开环对数幅频特性渐近线

若希望对数幅频特性渐近线更加清晰,可将曲线线型改变成实线,则上述绘图语句改为

$\gg$ bodeasym(G,'$-$')　　　　%用实线绘制对数幅频特性渐近线

得到的对数幅频特性渐近线见附图 4 - 13(b)。

(五) 确定稳定裕度及相应频率

应用 MALTLAB 函数 margin() 可以很容易地确定控制系统的稳定裕度和相应频率,此函数的调用格式为

margin(G)　　　　%绘制 G 的对数坐标图,并将其稳定裕度及相应频率标示在图上

[Gm, Pm, Wcg, Wcp]=margin(G)　　　　%不绘制曲线,计算 G 的稳定裕度及相应频率数据值

其中,Gm 是幅值裕度(未取分贝值),Pm 是相位裕度,Wcg 是相位穿越频率,Wcp 是截止频率。

附例 4 - 8　已知单位反馈控制系统的开环传递函数为

$$G(s) = \frac{8s + 0.8}{s^5 + 5s^4 + 20s^3 + 19s^2 + 15s}$$

试应用 MATLAB 求系统的幅值裕度、相位裕度、相位穿越频率及截止频率。

解　在 MATLAB 命令窗口输入:

$\gg$ num=[8 0.8];

$\gg$ den=[1 5 20 19 15 0];

$\gg$ G=tf(num,den);

$\gg$ margin(num,den)

运行后得到对数频率特性曲线见附图 4 - 14。图中最上方已标示出稳定裕度及相应频率。

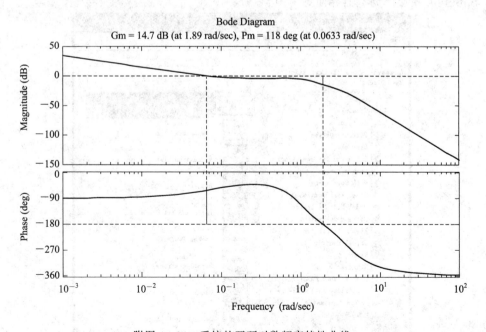

附图 4 - 14　系统的开环对数频率特性曲线

由附图 4-14 知，系统的幅值裕度、相位裕度、相位穿越频率及截止频率为

$$h = 14.7 \text{ dB}, \gamma = 118^\circ, \omega_x = 1.89 \text{ rad/sec}, \omega_c = 0.0633 \text{ rad/sec}$$

当然，也可以应用 MATLAB 直接计算系统的稳定裕度及相应频率。在 MATLAB 命令窗口输入：

```
>> num=[8 0.8];
>> den=[1 5 20 19 15 0];
>> G=tf(num,den);
>> [Gm,Pm,wcg,wcp]=margin(G);          %计算稳定裕度及相应频率
>> GmdB=20 * log10(Gm);                %计算幅值裕度的分贝值
>> [GmdB,Pm,wcg,wcp]
```

运行结果为

```
ans =

   14.7019    117.7136    1.8856    0.0633
```

三、Simulink 模块

（一）启动与退出

先启动 MATLAB，再启动 Simulink 有如下两种方式：

(1) 在 MATLAB 命令窗口直接键入"Simulink"并回车。

(2) 单击 MATLAB 工具条上的 Simulink 图标"**▦**"。

打开 Simulink 窗口，即 Simulink 模块库浏览器(Simulink Library Browser)。

Simulink 模块库浏览器界面见附图 4-15。

图 4-15　Simulink 模块库浏览器界面

直接用鼠标左键单击 Simulink 模块库浏览器窗口右上角关闭按钮"⊠"，或用鼠标左键选中其窗口菜单"File｜Close"，都可以退出 Simulink。

（二）模型窗口的操作

1. 新建 Simulink 模型窗口

打开一个缺省名为 untitled 的空白窗口，即新建立了一个 Simulink 模型窗口，通常可采用以下几种方法：

（1）用鼠标左键单击 Simulink 模块库浏览器或某个 Simulink 模型窗口图标"▢"。

（2）选择 MATLAB 命令窗口菜单"File｜New｜Model"。

（3）选择 Simulink 模块库浏览器窗口或某个 Simulink 模型窗口中的菜单"File｜New｜Model"。

2. 打开已有 Simulink 模型

可采用下述两种方法打开已有 Simulink 模型：

（1）用鼠标左键单击 Simulink 模块库浏览器或某个 Simulink 模型窗口图标"📂"，弹出一个打开 Simulink 文件对话框。采用与一般 Windows 应用软件打开文件类似方法，即可打开所选择的 Simulink 模型。

（2）选择 Simulink 模块库浏览器窗口某个 Simulink 模型窗口菜单"File｜Open"其余操作与 1 类似。

3. Simulink 模型的保存

Simulink 模型的保存是标准的 Windows 操作，利用图标"💾"、菜单"File｜Save"或"File｜As Save…"等均可实现。

（三）模型的建立与仿真

1. 建立模型

下面以附图 4-16 所示控制系统为例，简要介绍 Simulink 建模过程及方法。

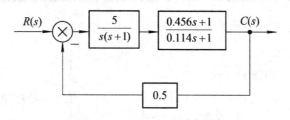

附图 4-16　控制系统结构图

附图 4-16 所示控制系统的 Simulink 模型见附图 4-17。

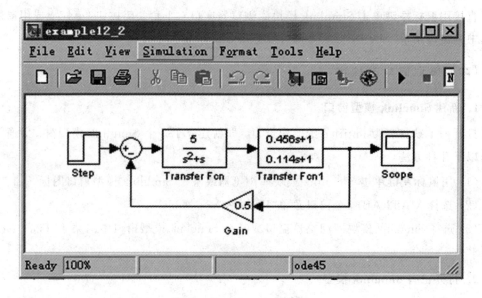

附图 4 - 17　Simulink 模型

其建立过程如下：

(1) 创建模型窗口。

采用(二)的方法，创建缺省名称为"untitled"的模型窗口，见附图 4 - 18。

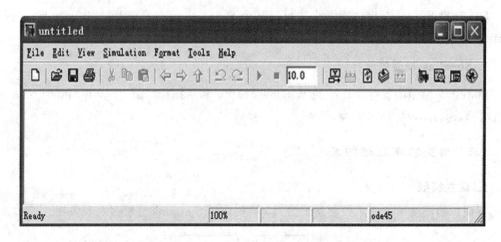

附图 4 - 18　Simulink 模型窗口

(2) 查找模型所需模块。

附图 4 - 18 所需模块可在如下 Simulink 模块库浏览器子模块库中找到：

① Sources(阶跃信号模块 Step 位于其中)；

② Continuous(传递函数模块 Transfer Fcn 位于其中)；

③ Math(相加点模块 Sum 及增益模块 Gain 位于其中)；

④ Sinks(示波器模块 Scope 位于其中)。

（3）向模型窗口拷贝模块。

将上述各子模块库中的相应模块拷贝到附图 4-18 所示模型窗口中。以拷贝阶跃信号模块为例，方法如下：

① 打开 Sources 子模块库，将鼠标指向 Step 模块；

② 按住鼠标左键拖动 Step 模块至模型窗口，然后释放，该模块就被拷贝过来。

同理，可分别从上述相应子模块库中拷贝 Transfer Fcn、Sum、Gain 以及 Scope 等模块，得到附图 4-19（附图 4-19 中，系统将模块名"Sum"隐藏起来了）。图中，Gain 模块的反向方法是：先选中该模块，再选取模型窗口菜单"Format | Flip Block"，即可使其旋转 180°。

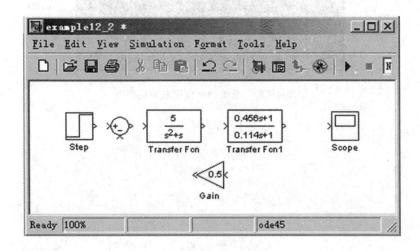

附图 4-19　系统的仿真模块

（4）模块的连接。

以 Step 模块与 Sum 模块之间的连接为例，方法如下：

将鼠标光标放至 Step 模块的输出端（标有"＞"处称为模块的输出端），则鼠标的箭头会变成"＋"字形光标，此时，按住鼠标左键，移动鼠标至 Sum 模块的一个输入端（标有"＞"处称为模块的输入端），当"十"字形光标出现"重影"时，释放鼠标左键就完成了连接。其余几个模块的连接方法类同，这里不再赘述。

（5）模块对应参数的设置。双击欲设置参数的模块，弹出设置参数对话框，在相应的编辑框中设置或修改参数后，单击"OK"按钮即可。

2. 仿真

可采用如下两种方法运行 Simulink 模型：

（1）用鼠标左键单击 Simulink 模型窗口工具栏仿真启动或继续图标"▶"。

（2）选择 Simulink 模型窗口菜单"Simulation | Start"。

用鼠标左键双击 Scpoe 模块（即打开示波器），就可观察到仿真运行结果，见附图 4 - 20。

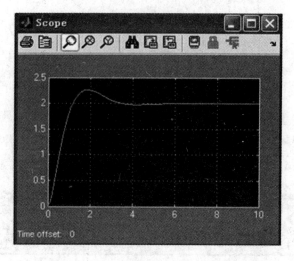

附图 4 - 20　系统的单位阶跃响应曲线

参 考 文 献

[1]　韩全立. 自动控制原理与应用 [M]. 2 版. 西安：西安电子科技大学出版社，2014.

[2]　胡寿松. 自动控制原理 [M]. 7 版. 北京：科学出版社，2019.

[3]　蔡鹤，刘屿. 经典控制理论与应用[M]. 北京：科学出版社，2022.

[4]　王显正，莫锦秋，王旭永. 控制理论基础 [M]. 3 版. 北京：科学出版社，2021.

[5]　张涛，王娟，杜海英，等. 自动控制理论及 MATLAB 实现[M]. 北京：电子工业出版社，2016.

[6]　卢子广，胡立坤，林靖宇. 自动控制理论基础[M]. 北京：科学出版社，2022.

[7]　康宇，王俊，杨孝先. 控制理论基础[M]. 合肥：中国科学技术大学出版社，2014.

[8]　戴亚平. 自动控制理论与应用实验指导[M]. 北京：机械工业出版社，2018.

[9]　李仁厚. 智能控制理论和方法 [M]. 2 版. 西安：西安电子科技大学出版社，2013.